面向新工科专业建设计算机系列教材

深度学习技术基础

微课版

田春伟 左旺孟 著

清华大学出版社

北京

内 容 简 介

随着人工智能和数字技术的飞速发展,深度学习已成为现代技术革新的核心驱动力之一。从语音识别到自动驾驶,深度学习的应用正在不断改变人们的生活方式。然而,深度学习技术的复杂性和广泛性,使得初学者和实践者在理解与应用这些技术时面临诸多挑战。因此,本书对深度学习的基本理论、核心技术及实际应用进行了系统梳理,旨在帮助读者全面掌握这一领域的核心知识。

本书融合理论、技术与实践,旨在为深度学习爱好者、高等学校计算机科学与技术、人工智能、智能科学与技术等相关专业本科生、研究生以及工业界的专业人士提供一条系统而清晰的学习路径。无论是从事学术研究,还是专注于实际应用,不同背景的读者都能从本书中获得宝贵的知识与实践经验。

图书在版编目(CIP)数据

深度学习技术基础:微课版 / 田春伟,左旺孟著.北京:清华大学出版社,2024.11.
(面向新工科专业建设计算机系列教材). -- ISBN 978-7-302-67621-8

Ⅰ.TP181

中国国家版本馆 CIP 数据核字第 202441VX33 号

责任编辑:白立军
封面设计:刘 键
责任校对:韩天竹
责任印制:丛怀宇

出版发行:清华大学出版社
      网　　址:https://www.tup.com.cn,https://www.wqxuetang.com
      地　　址:北京清华大学学研大厦 A 座　　　　邮　编:100084
      社 总 机:010-83470000　　　　　　　　　邮　购:010-62786544
      投稿与读者服务:010-62776969,c-service@tup.tsinghua.edu.cn
      质量反馈:010-62772015,zhiliang@tup.tsinghua.edu.cn
      课件下载:https://www.tup.com.cn,010-83470236
印 装 者:涿州汇美亿浓印刷有限公司
经　　销:全国新华书店
开　　本:185mm×260mm　　　**印　张:**9.25　　　**字　数:**226 千字
版　　次:2024 年 12 月第 1 版　　　**印　次:**2024 年 12 月第 1 次印刷
定　　价:49.00 元

产品编号:107685-01

出版说明

一、系列教材背景

人类已经进入智能时代,云计算、大数据、物联网、人工智能、机器人、量子计算等是这个时代最重要的技术热点。为了适应和满足时代发展对人才培养的需要,2017年2月以来,教育部积极推进新工科建设,先后形成了"复旦共识""天大行动""北京指南",并发布了《教育部高等教育司关于开展新工科研究与实践的通知》《教育部办公厅关于推荐新工科研究与实践项目的通知》,全力探索形成领跑全球工程教育的中国模式、中国经验,助力高等教育强国建设。新工科有两个内涵:一是新的工科专业;二是传统工科专业的新需求。新工科建设将促进一批新专业的发展,这批新专业有的是依托于现有计算机类专业派生、扩展而成的,有的是多个专业有机整合而成的。由计算机类专业派生、扩展形成的新工科专业有计算机科学与技术、软件工程、网络工程、物联网工程、信息管理与信息系统、数据科学与大数据技术等。由计算机类学科交叉融合形成的新工科专业有网络空间安全、人工智能、机器人工程、数字媒体技术、智能科学与技术等。

在新工科建设的"九个一批"中,明确提出"建设一批体现产业和技术最新发展的新课程""建设一批产业急需的新兴工科专业"。新课程和新专业的持续建设,都需要以适应新工科教育的教材作为支撑。由于各个专业之间的课程相互交叉,但是又不能相互包含,所以在选题方向上,既考虑由计算机类专业派生、扩展形成的新工科专业的选题,又考虑由计算机类专业交叉融合形成的新工科专业的选题,特别是网络空间安全专业、智能科学与技术专业的选题。基于此,清华大学出版社计划出版"面向新工科专业建设计算机系列教材"。

二、教材定位

教材使用对象为"211工程"高校或同等水平及以上高校计算机类专业及相关专业学生。

三、教材编写原则

(1) 借鉴 *Computer Science Curricula* 2013(以下简称 CS2013)。CS2013

的核心知识领域包括算法与复杂度、体系结构与组织、计算科学、离散结构、图形学与可视化、人机交互、信息保障与安全、信息管理、智能系统、网络与通信、操作系统、基于平台的开发、并行与分布式计算、程序设计语言、软件开发基础、软件工程、系统基础、社会问题与专业实践等内容。

（2）处理好理论与技能培养的关系，注重理论与实践相结合，加强对学生思维方式的训练和计算思维的培养。计算机专业学生能力的培养特别强调理论学习、计算思维培养和实践训练。本系列教材以"重视理论，加强计算思维培养，突出案例和实践应用"为主要目标。

（3）为便于教学，在纸质教材的基础上，融合多种形式的教学辅助材料。每本教材可以有主教材、教师用书、习题解答、实验指导等。特别是在数字资源建设方面，可以结合当前出版融合的趋势，做好立体化教材建设，可考虑加上微课、微视频、二维码、MOOC等扩展资源。

四、教材特点

1. 满足新工科专业建设的需要

系列教材涵盖计算机科学与技术、软件工程、物联网工程、数据科学与大数据技术、网络空间安全、人工智能等专业的课程。

2. 案例体现传统工科专业的新需求

编写时，以案例驱动，任务引导，特别是有一些新应用场景的案例。

3. 循序渐进，内容全面

讲解基础知识和实用案例时，由简单到复杂，循序渐进，系统讲解。

4. 资源丰富，立体化建设

除了教学课件外，还可以提供教学大纲、教学计划、微视频等扩展资源，以方便教学。

五、优先出版

1. 精品课程配套教材

主要包括国家级或省级的精品课程和精品资源共享课的配套教材。

2. 传统优秀改版教材

对于已经出版的、得到市场认可的优秀教材，由于新技术的发展，计划给图书配上新的教学形式、教学资源的改版教材。

3. 前沿技术与热点教材

反映计算机前沿和当前热点的相关教材，例如云计算、大数据、人工智能、物联网、网络空间安全等方面的教材。

六、联系方式

联系人：白立军

联系电话：010-83470179

联系和投稿邮箱：bailj@tup.tsinghua.edu.cn

"面向新工科专业建设计算机系列教材"编委会

2019 年 6 月

面向新工科专业建设计算机系列教材编委会

主 任：

张尧学　清华大学计算机科学与技术系教授　中国工程院院士/教育部高等
　　　　学校软件工程专业教学指导委员会主任委员

副主任：

陈　刚　浙江大学　　　　　　　　　　　　　　　副校长/教授
卢先和　清华大学出版社　　　　　　　　　　　　总编辑/编审

委 员：

毕　胜　大连海事大学信息科学技术学院　　　　　院长/教授
蔡伯根　北京交通大学计算机与信息技术学院　　　院长/教授
陈　兵　南京航空航天大学计算机科学与技术学院　院长/教授
成秀珍　山东大学计算机科学与技术学院　　　　　院长/教授
丁志军　同济大学计算机科学与技术系　　　　　　系主任/教授
董军宇　中国海洋大学信息科学与工程学部　　　　部长/教授
冯　丹　华中科技大学　　　　　　　　　　　　　副校长/教授
冯立功　战略支援部队信息工程大学网络空间安全学院　院长/教授
高　英　华南理工大学计算机科学与工程学院　　　副院长/教授
桂小林　西安交通大学计算机科学与技术学院　　　教授
郭卫斌　华东理工大学信息科学与工程学院　　　　副院长/教授
郭文忠　福州大学　　　　　　　　　　　　　　　副校长/教授
郭毅可　香港科技大学　　　　　　　　　　　　　副校长/教授
过敏意　上海交通大学计算机科学与工程系　　　　教授
胡瑞敏　西安电子科技大学网络与信息安全学院　　院长/教授
黄河燕　北京理工大学计算机学院　　　　　　　　院长/教授
雷蕴奇　厦门大学计算机科学系　　　　　　　　　教授
李凡长　苏州大学计算机科学与技术学院　　　　　院长/教授
李克秋　天津大学计算机科学与技术学院　　　　　院长/教授
李肯立　湖南大学　　　　　　　　　　　　　　　副校长/教授
李向阳　中国科学技术大学计算机科学与技术学院　执行院长/教授
梁荣华　浙江工业大学计算机科学与技术学院　　　执行院长/教授
刘延飞　火箭军工程大学基础部　　　　　　　　　副主任/教授
陆建峰　南京理工大学计算机科学与工程学院　　　副院长/教授
罗军舟　东南大学计算机科学与工程学院　　　　　教授
吕建成　四川大学计算机学院(软件学院)　　　　　院长/教授
吕卫锋　北京航空航天大学　　　　　　　　　　　副校长/教授
马志新　兰州大学信息科学与工程学院　　　　　　副院长/教授

毛晓光　国防科技大学计算机学院　　　　　　　　　　　　　副院长/教授
明　仲　深圳大学计算机与软件学院　　　　　　　　　　　　院长/教授
彭进业　西北大学信息科学与技术学院　　　　　　　　　　　院长/教授
钱德沛　北京航空航天大学计算机学院　　　　　　　　　中国科学院院士/教授
申恒涛　电子科技大学计算机科学与工程学院　　　　　　　院长/教授
苏　森　北京邮电大学　　　　　　　　　　　　　　　　　　副校长/教授
汪　萌　合肥工业大学　　　　　　　　　　　　　　　　　　副校长/教授
王长波　华东师范大学计算机科学与软件工程学院　　　常务副院长/教授
王劲松　天津理工大学计算机科学与工程学院　　　　　　　院长/教授
王良民　东南大学网络空间安全学院　　　　　　　　　　　　教授
王　泉　西安电子科技大学　　　　　　　　　　　　　　　　副校长/教授
王晓阳　复旦大学计算机科学技术学院　　　　　　　　　　　教授
王　义　东北大学计算机科学与工程学院　　　　　　　　　　教授
魏晓辉　吉林大学计算机科学与技术学院　　　　　　　　　　教授
文继荣　中国人民大学信息学院　　　　　　　　　　　　　　院长/教授
翁　健　暨南大学　　　　　　　　　　　　　　　　　　　　副校长/教授
吴　迪　中山大学计算机学院　　　　　　　　　　　　　　　副院长/教授
吴　卿　杭州电子科技大学　　　　　　　　　　　　　　　　教授
武永卫　清华大学计算机科学与技术系　　　　　　　　　　副主任/教授
肖国强　西南大学计算机与信息科学学院　　　　　　　　　院长/教授
熊盛武　武汉理工大学计算机科学与技术学院　　　　　　　院长/教授
徐　伟　陆军工程大学指挥控制工程学院　　　　　　　　院长/副教授
杨　鉴　云南大学信息学院　　　　　　　　　　　　　　　　教授
杨　燕　西南交通大学信息科学与技术学院　　　　　　　　副院长/教授
杨　震　北京工业大学信息学部　　　　　　　　　　　　　　副主任/教授
姚　力　北京师范大学人工智能学院　　　　　　　　　　执行院长/教授
叶保留　河海大学计算机与信息学院　　　　　　　　　　　院长/教授
印桂生　哈尔滨工程大学计算机科学与技术学院　　　　　　院长/教授
袁晓洁　南开大学计算机学院　　　　　　　　　　　　　　　院长/教授
张春元　国防科技大学计算机学院　　　　　　　　　　　　　教授
张　强　大连理工大学计算机科学与技术学院　　　　　　　院长/教授
张清华　重庆邮电大学　　　　　　　　　　　　　　　　　　副校长/教授
张艳宁　西北工业大学　　　　　　　　　　　　　　　　　　副校长/教授
赵建平　长春理工大学计算机科学技术学院　　　　　　　　院长/教授
郑新奇　中国地质大学(北京)信息工程学院　　　　　　　　院长/教授
仲　红　安徽大学计算机科学与技术学院　　　　　　　　　院长/教授
周　勇　中国矿业大学计算机科学与技术学院　　　　　　　院长/教授
周志华　南京大学　　　　　　　　　　　　　　　　　　　　副校长/教授
邹北骥　中南大学计算机学院　　　　　　　　　　　　　　　教授
秘书长:
白立军　清华大学出版社　　　　　　　　　　　　　　　　　副编审

FOREWORD

前言

深度学习是当前人工智能领域最受关注且应用最广泛的技术之一。它利用人工神经网络模拟人类大脑的神经元结构和学习方式,通过大规模数据和强大的计算能力来实现自主学习和问题解决。如今,深度学习技术已在图像识别、自然语言处理、语音识别等多个领域取得了显著突破。

编写本书的初衷,是为读者提供一份系统而实用的学习参考,帮助读者全面掌握深度学习的基本原理、核心算法及其应用。无论是有志于投身人工智能领域的初学者,还是已经从事相关工作的专业人士,都能从本书中受益。深度学习作为一门复杂的学科,涉及数学、计算机科学、统计学等多个领域的知识。因此,本书力求以清晰易懂的语言,结合实际案例和生动的图表,帮助读者逐步深入理解深度学习的核心概念和关键技术。

本书共分为6章。第1章概述了人工神经网络的起源与发展历程,详细阐释了其基本概念,并深入介绍了人工神经网络的核心组成部分,如神经元、权重和偏置等。同时,列举了常见的神经网络结构,包括前馈神经网络以及反馈神经网络,并对人工神经网络的模型及其广泛应用进行了讨论。第2章聚焦于卷积神经网络的发展及其理论基础,详尽分析了卷积神经网络的基本组件。最后,探讨了卷积神经网络的参数优化方法、优缺点及实际应用场景。第3章介绍了一些经典的卷积神经网络架构,深入解析了它们的结构和特点。通过实际案例和实验演示,展示了这些网络在图像分类、目标检测等任务中的卓越表现,并讨论了各个网络的相对优缺点。第4章介绍了几种常见的深度学习编程工具,包括 Caffe、Keras、TensorFlow 和 PyTorch,并对每种工具的特点、优势和局限性进行了详细阐述与对比。第5章探讨了深度学习技术在图像领域的应用,如图像识别、目标检测和图像分割,通过这些实例展示了卷积神经网络在实际应用中的作用和效果。第6章简要总结了本书的主要内容,并展望了深度学习技术的未来发展方向。

在阅读本书之前,读者需要具备一定的数学基础,如线性代数、微积分和概率论。如果读者对于机器学习和人工智能的相关知识已有一定了解,将有助于理解深度学习的概念和方法。即使读者对这些领域尚不熟悉,本书也将以尽可能简洁明了的方式介绍相关概念,帮助读者逐步建立起对深度学习的全面认识。

在本书的编写过程中,我们虽已力求确保其科学性、准确性和易读性,但由于技术的迅猛发展,某些最新的研究成果和应用可能未能及时纳入本书。因此,我们鼓励读者在学习的过程中,积极关注最新的学术论文和技术动态,以保持对深度学习领域的前沿认识。

书中知识点讲解视频可扫描如下二维码获得文件后,再扫描文件中的二维码观看。

Bilibili 上的视频二维码

编 者

2024 年 9 月

致　　谢

在完成本书的过程中,我们有幸得到了众多人士的支持、鼓励和帮助。在此,谨向所有给予我们帮助与支持的朋友和同仁们致以诚挚的谢意。

首先,特别感谢那些开创深度学习领域的先驱们。他们通过不断的探索和卓越的贡献,为深度学习技术的发展奠定了坚实的基础。前辈们丰富的研究成果与创新思维,极大地启发了我们,使我们能够深入理解并应用深度学习的核心原理。

其次,感谢我们的同事和合作伙伴们。他们与我们一起探讨、交流和合作,共同解决了许多技术上的问题。他们的智慧和勤奋,使得本书的内容更加充实和全面。

再次,我们还要向众多学者、工程师和研究者致以诚挚的谢意。他们的研究论文、开源项目和学术讨论为我们提供了丰富的学习资源和灵感。他们的奉献与贡献,使我们能够深入理解深度学习技术的前沿进展。

此外,我们要感谢每一位阅读本书的读者。你们的支持是我们撰写此书的初衷与动力。希望本书能够为你们提供扎实的基础知识和实用的技术指导,帮助你们更好地理解和应用深度学习技术。

最后,向所有在我们撰写与出版本书的过程中给予帮助与支持的人们表示由衷的感谢。没有你们的支持和鼓励,我们无法完成这一挑战。本书的完成离不开你们的宝贵贡献与帮助。

衷心感谢!

CONTENTS

目录

人工神经网络

人工神经网络是为模拟人脑神经网络而设计的一种计算模型,它从结构、实现机理和功能上模拟人脑神经网络。类似于生物神经元,人工神经网络由多个相互连接的节点(人工神经元)组成,用于建模数据之间的复杂关系。这些节点之间的连接被赋予不同的权重,每个权重表示一个节点对另一个节点影响的大小。每个节点代表一种特定的函数,其他节点传递来的信息经过权重的加权处理后,输入到激活函数中,生成一个新的输出值(表现为兴奋或抑制)。从系统的角度看,人工神经网络是由大量神经元通过复杂而完善的连接形成的自适应非线性动态系统。

◆ 1.1　人工神经网络的起源与发展

在 20 世纪 40 年代和 50 年代,研究人员受到生物神经系统的启发,尝试模拟大脑的工作原理。在此期间,Warren McCulloch 等[1]提出了一个简化的神经元模型,它将神经元视为二进制开关,并引入了逻辑运算的概念。这个模型被认为是人工神经网络理论的基础与起点。

然而,真正的突破发生在 20 世纪 80 年代和 90 年代,这一时期被誉为人工神经网络的黄金时代。基于反向传播算法的多层感知机(Multi-layer Perceptron,MLP)[2]成为当时最重要的人工神经网络模型之一。MLP 的概念和训练方法为人工神经网络的广泛应用奠定了坚实的基础。人工神经网络发展过程中另一个重要的里程碑是在 1998 年,Yann LeCun 等[3]提出了卷积神经网络(Convolutional Neural Network,CNN),它是专门用于图像识别任务的一种神经网络结构。CNN 的提出极大改进了图像识别的准确性,并在计算机视觉领域产生深远影响。

在过去的几十年里,随着计算能力的不断提升、大数据的普及以及深度学习的兴起,人工神经网络得到广泛应用并实现了快速发展。深度神经网络(Deep Neural Network,DNN)[4]的出现使得神经网络在计算机视觉、自然语言处理、语音识别等领域取得巨大成功。

◈ 1.2 人工神经网络的基本概念

人工神经网络(Artificial Neural Network,ANN)[5]是一种模拟生物神经系统工作原理的计算模型[6],它由大量人工神经元及其相互连接构成[7]。每个神经元接收来自其他神经元的输入并产生输出,这些输出可以传递给其他神经元。通过调整神经元之间的连接权重,人工神经网络能够学习并适应不同的数据模式,从而执行各种任务,如分类、回归、聚类等。

人工神经网络的核心组件是人工神经元,其基本结构如图 1-1 所示。每个神经元从其他神经元接收输入信号,将这些信号与对应的权重相乘后相加,并将所得的总和传递给后续的一个或多个神经元。在某些情况下,人工神经元在传递输出之前会对结果应用激活函数。通过这种方式,信息在网络层之间逐步传递,实现复杂的数据处理和模式识别。

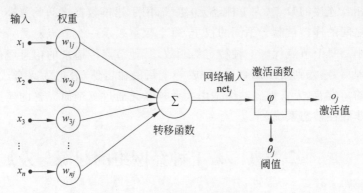

图 1-1 人工神经元的基本结构

虽然单个神经元的运算看似简单,但当成千上万个神经元通过多层结构堆叠在一起时,便构成了一个功能强大的人工神经网络。这样的网络能够执行极其复杂的任务,如图像分类和语音识别,展现出惊人的处理能力和精度。

1.2.1 人工神经网络的组成

人工神经网络通常由一个输入层、一个或多个隐藏层以及一个输出层组成。输入层负责从外部源(如数据文件、图像、传感器、麦克风等)接收数据,经过隐藏层的处理后,输出层生成一个或多个数据点,这些数据点反映了网络的功能需求。例如,一个用于检测人类、汽车和动物的神经网络,其输出层将包含 3 个节点,而一个用于在安全和欺诈之间分类的银行交易网络则可能只有 1 个输出节点。人工神经网络的多层结构如图 1-2 所示。

1.2.2 人工神经网络的核心组件

1. 神经元

人工神经元,简称神经元,是构成神经网络的基本单元,其主要是模拟生物神经元的结构和特性,接收一组输入信号并产生输出。

生物神经元是信息处理的基本单位,其结构如图 1-3 所示,每个神经元被膜包围,具

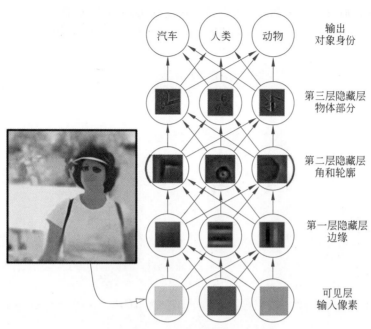

图 1-2　人工神经网络的多层结构

有树突和轴突等重要组成部分。树突作为接收端,将其他神经元传来的信号传递至细胞体,而轴突则作为输出端,将信息从细胞体传送到其他神经元。这些结构有效地管理了神经元的输入和输出过程。神经元的激活状态取决于接收到的输入信号总和。如果输入信号的总和超过某个阈值,细胞体会对这些信号进行整合,进而激活神经元,产生通过轴突传递的输出信号。相反,如果输入信号的总和未达到阈值,神经元将保持静止状态,不会产生响应信号。决定神经元是否激活的这一机制由阈值函数决定,该函数即为激活函数。

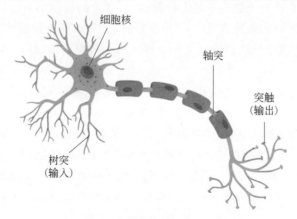

图 1-3　生物神经元的结构

1943 年,Warren McCulloch 等[5]提出了一种基于生物神经元的简化数学模型,称为阈值逻辑单元,其结构如图 1-4 所示。该模型由一组传入连接组成,这些连接将其他神经元的激活信号传递给该单元。输入信号通过一组权重(表示为 $\{w\}$)进行加权处理。接着,单元对所有加权输入求和,并通过一个非线性阈值函数(通常称为激活函数)计算输出。最终,生成的输出信号被传输到其他连接的神经元。神经元的操作过程可以表示为如下数学表达式:

$$y = \delta\left(\sum_{i=1}^{n} w_i x_i + b\right) \tag{1-1}$$

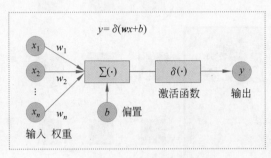

图 1-4　计算模型

其中,b 表示阈值;w_i 表示突触权重;x_i 表示神经元的输入;$\delta(\cdot)$ 是非线性激活函数。对于最简单的情况,当输入总和$\left(即,\sum_{i=1}^{n} w_i x_i + b\right)$小于阈值时,输出为 0;当输入总和大于或等于阈值时,输出为 1。此外,激活函数可以是 Sigmoid[8]、Tanh 或 ReLU(Rectified Linear Unit)[9]等函数,平滑的激活函数将在第 2 章中详细讨论。

激活函数在神经元中非常重要。为了增强网络的表示能力和学习能力,激活函数需要具备以下性质。

(1)连续并可导(允许少数点上不可导)的非线性函数。可导的激活函数可以直接利用数值优化的方法来学习网络参数。

(2)激活函数及其导函数应尽量保持简洁,有利于提高网络的计算效率。

(3)激活函数的导数值域应处于一个适当的范围内,既不能过大也不能过小。若导数值过大或过小,可能会导致训练过程中的梯度消失或爆炸问题,从而影响网络的训练效率和稳定性。

阈值逻辑神经元是一种极为简化的计算模型,尽管其结构简单,但它们已经被证明可以逼近复杂函数。Warren McCulloch 等[5]指出,由这种神经元构建的网络具备执行通用计算的能力。这种通用计算能力表明,神经网络可以仅依赖有限数量的神经元来逼近一个非常丰富的连续函数集,这一理论被正式称为神经网络的"万能近似定理"。然而,与阈值逻辑模型相比,现代神经元模型已经引入了更为复杂的功能,例如随机性行为以及支持非二进制的输入和输出。这些增强使得神经网络在建模复杂系统时具有更强的灵活性和表达能力。

2. 权重

在人工神经网络中,权重是连接神经元之间的关键参数,决定了输入信号在网络中传递的重要性。每个连接都对应一个特定的权重值,反映了该连接对网络输出的影响程度。权重值越大,意味着该连接对神经元激活的贡献越大,反之则影响较小。通过调整权重,神经网络能够学习和捕捉数据中的不同模式,进而适应复杂的任务需求。在神经网络的训练过程中,权重是需要优化的核心参数。通常使用反向传播算法来计算网络的误差,并依据误差对权重进行更新。这个更新过程通过不断迭代,逐步减少网络的预测误差,使输出更接近预期的目标值。权重的优化是人工神经网络学习和泛化能力的关键,合理的权重调整能够使神经网络在分类、回归、聚类等任务中展现出卓越的性能,对复杂数据进行高效预测与推理。

3. 偏置

偏置是一种可学习的参数,用于调节神经元的激活阈值。与权重一样,偏置在神经网络的输出中发挥重要作用。每个神经元通常都关联一个偏置值,该值在神经元计算时被添加到加权输入中。偏置可以视为神经元的自发激活水平,即在没有输入信号的情况下,神经元被激活的程度。通过调整激活阈值,偏置影响了神经元对不同输入的响应敏感性。与权重类似,偏置在神经网络的训练过程中需要调整。通过反向传播算法,偏置根据误差信号进行梯度下降调整,使网络输出逐步逼近目标值。偏置的引入赋予了神经网络更大的灵活性和表达能力,有助于网络适应不同的数据分布和模式,并提高其预测和泛化能力。

1.2.3 前馈与反馈神经网络

1. 前馈神经网络

在前馈神经网络中,信息流动仅在单一方向上传递。如果将网络视作一个由神经元构成的图,那么这些神经元之间的连接形成了一个无环的有向图。这样的网络结构被称为有向无环图。在接下来的章节中,将详细讨论多层感知机。

图1-5展示了一个多层感知机的网络架构,该架构包含3个隐藏层,位于输入层和输出层之间。简而言之,可以将这个网络视作一个功能强大的黑盒子,它接收一组输入信号并生成相应的输出结果。接下来,将对该网络架构进行详细介绍。

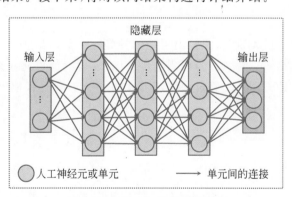

图1-5 多层感知机的网络架构

(1)分层架构。神经网络包含层次化的处理结构。每个处理层称为"网络层",每层包含多个处理单元,这些单元通常被称为"神经元"。网络的输入数据首先通过输入层传入,最后通过输出层进行预测。中间的层次则负责进行信息处理,这些中间层被称为"隐藏层"。由于该网络的层次结构,这种神经网络被称为多层感知机。

(2)节点。每层中的各个处理单元称为神经网络架构中的节点。节点基本上执行给定输入的"激活函数",以决定是否激活节点。

(3) 密集连接。在神经网络中,节点通过连接进行互连,这些连接允许节点之间进行信息传递。每个连接都被赋予一个权重,表示两个节点之间连接的强度。在前馈神经网络的典型结构中,信息沿着一个方向从输入层传递到输出层。具体来说,每一层中的每个节点都与前一层中的所有节点直接连接。

如前所述,神经网络中的权重定义了神经元之间的连接强度。这些权重需要进行适当的调整,以确保神经网络能够生成所需的输出。权重对从训练数据中生成的"模型"进行编码,该模型使网络能够执行特定任务,例如对象检测、识别或分类。在实际应用中,权重的数量通常非常庞大。因此,需要自动化程序来根据给定任务适当地更新这些权重的值。自动调整网络参数的过程被称为"学习",这一过程在训练阶段完成(相对于测试阶段,测试阶段则用于对"未见过的数据"进行推断或预测,即网络在训练时尚未接触的数据)。学习过程包括向网络提供任务示例,以便网络能够学习识别输入与所需输出之间的正确关系。例如,在有监督学习中,输入可能是语音或图像,而输出则是期望的"标签"集(例如,人的身份),这些标签用于调节神经网络的参数。

本节介绍一种基本的学习算法,称为 Delta 规则。Delta 规则的核心思想是在训练阶段通过学习神经网络的误差来更新网络参数。该算法依据目标输出与预测输出之间的差异来调整权重(偏置设为 0)。这种差异是通过最小均方误差来计算的,因此 Delta 规则也被称为最小均方规则。输出单元是输入的"线性函数",由以下公式表示:

$$p_i = \sum_j \theta_{ij} x_j \tag{1-2}$$

其中,p_i 表示神经元 i 的输出值;θ_{ij} 表示连接输入 j 和输出 i 的权重参数;x_j 表示输入神经元 j 的输入值。假设 p_n 和 y_n 分别表示预测输出和目标输出,则可以将误差计算为

$$E = \frac{1}{2} \sum_n (y_n - p_n)^2 \tag{1-3}$$

其中,n 表示数据集中的类别数(或输出层中的神经元个数);E 表示误差函数(或损失函数);y_n 表示目标输出;p_n 为网络的预测输出。Delta 规则计算此误差函数(式(1-2))相对于网络参数的梯度 $\partial E / \partial \theta_{ij}$。给定梯度,根据以下学习规则迭代地更新权重:

$$\theta_{ij}^{t+1} = \theta_{ij}^t + \eta \frac{\partial E}{\partial \theta_{ij}} \tag{1-4}$$

$$\theta_{ij}^{t+1} = \theta_{ij}^t + \eta (y_i - p_i) x_j \tag{1-5}$$

其中,t 表示学习过程中的前次迭代。超参数 η 表示在计算出的梯度方向上的参数更新步长;θ_{ij}^t 表示权重 θ_{ij} 在第 t 次迭代时的值;$\frac{\partial E}{\partial \theta_{ij}}$ 表示误差函数对权重 θ_{ij} 的梯度;y_i 为目标输出。当梯度或步长为零时,学习过程不会进行。在其他情况下,通过更新参数,可以使预测输出更接近目标输出。经过多次迭代后,如果更新过程不再导致参数的显著变化,则表明网络训练过程已经收敛。

如果步长设置得过小,网络将需要更长的时间才能收敛,学习过程将变得非常缓慢。然而,如果步长过大,则可能导致训练过程中的不稳定和剧烈波动,结果可能导致网络无法收敛。因此,为网络训练选择合适的步长是至关重要的。

广义 Delta 规则是对 Delta 规则的扩展。Delta 规则仅涉及输入与输出之间的线性组

合,这限制了单层网络的应用,因为多个线性层的堆叠并不比单一线性变换更具优势。为了克服这种限制,广义 Delta 规则利用每个处理单元的非线性激活函数,模拟输入域和输出域之间的非线性关系。它还能够在神经网络架构中使用多个隐藏层,这一概念构成了深度学习的核心。多层神经网络的参数更新方式与 Delta 规则类似,即:

$$\theta_{ij}^{t+1} = \theta_{ij}^t + \eta \frac{\partial E}{\partial \theta_{ij}} \tag{1-6}$$

然而,与 Delta 规则不同,广义 Delta 规则通过多层网络递归地传播误差,因此它也被称为"反向传播"算法。在广义 Delta 规则中,神经网络不仅包含输出层,还包括中间的隐藏层,可以分别计算输出层和隐藏层的误差项(即相对于期望输出的导数)。由于输出层的误差计算相对简单,首先讨论输出层的误差计算方法。

给定式(1-3)中的误差函数,对于每个节点 i,其相对于输出层 L 中的参数的梯度可以如下计算:

$$\frac{\partial E}{\partial \theta_{ij}^L} = \delta_i^L x_j \tag{1-7}$$

$$\delta_i^L = (y_i - p_i) f_i'(a_i) \tag{1-8}$$

其中,$a_i = \sum_j \theta_{ij} x_j + b_i$,是激励值,即神经元在激活函数应用之前的输入;$x_j$ 是前一层的输出;$p_i = f(a_i)$ 是神经元的输出(对于输出层,则是预测值);$f(\cdot)$ 是非线性激活函数;$f'(\cdot)$ 表示激活函数的导数;δ_i^L 表示输出层神经元 i 的误差项。激活函数决定了神经元是否会被激活以响应给定的输入激励。值得注意的是,非线性激活函数是可微分的,因此可以通过误差反向传播来调整网络的参数。一种常见的激活函数是 Sigmoid 函数,其表达式如下:

$$p_i = f(a_i) = \frac{1}{1 + \exp(-a_i)} \tag{1-9}$$

在理想情况下,Sigmoid 激活函数的导数非常适用,这是因为它可以直接根据 Sigmoid 函数本身(即 p_i)来表示,其导数可以通过以下公式给出:

$$f_i'(a_i) = p_i(1 - p_i) \tag{1-10}$$

因此,可以为输出层神经元写出其梯度等式:

$$\frac{\partial E}{\partial \theta_{ij}^L} = (y_i - p_i)(1 - p_i) x_j p_i \tag{1-11}$$

类似地,在多层神经网络中,可以通过误差反向传播来计算中间隐藏层的误差信号,具体计算公式如下:

$$\delta_i^L = f'(a_i^L) \sum_j \theta_{ij}^{L+1} \delta_j^{L+1} \tag{1-12}$$

其中,L 表示网络的总层数。上述等式应用链式规则,使用所有后续层的梯度逐步计算内部参数的梯度。MLP 参数 θ_{ij} 的整体更新等式可写为:

$$\theta_{ij}^{t+1} = \theta_{ij}^t + \eta \delta_i^l x_j^{l-1} \tag{1-13}$$

其中,x_j^{l-1} 表示前一层的输出;t 表示前次训练迭代的编号。完整的学习过程通常涉及多次迭代,并且参数不断更新,直到网络达到优化状态(即经过了若干次迭代之后,或者 θ_{ij}^{t+1}

不再改变)。

梯度不稳定性问题:广义 Delta 规则在浅层网络(具有一个或两个隐藏层的网络)中应用效果良好。然而,当网络非常深,即具有许多层时,学习过程可能会遇到梯度消失或梯度爆炸的问题,这些问题取决于激活函数的选择(例如,前面提到的 Sigmoid 函数)。这种不稳定性尤其影响深度网络中的初始层,导致这些初始层的权重难以有效地调整。下面的例子将对此进行详细说明。考虑具有多个层的深度网络,使用激活函数将每个权重层的输出限制在小范围内(例如,对于 Sigmoid 函数,取值范围为 $[0,1]$),Sigmoid 函数的梯度导致较小的值(见图 1-6)。

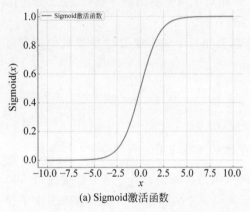
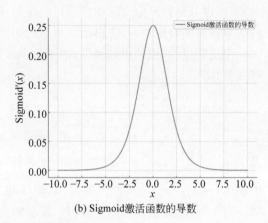

(a) Sigmoid激活函数   (b) Sigmoid激活函数的导数

图 1-6   Sigmoid 激活函数及其导数

在更新初始层参数时,根据链式法则,梯度会通过连续的乘法传递(见式(1-12))。这种连续的乘法会导致反向传播信号以指数方式衰减。当考虑一个深度为 5 的网络时,如果 Sigmoid 函数的最大可能梯度值为 0.25,则衰减因子将为 $(0.25)^5 = 0.0009$。这被称为"梯度消失"问题。类似地,很容易理解,在激活函数的梯度值非常大的情况下,连续乘法可能导致"梯度爆炸"问题。

2. 反馈神经网络

反馈网络是一种具有有向循环连接的架构。这种结构使得它们能够处理并生成任意长度的序列。反馈网络具备记忆能力,能够在内部存储信息和序列关系。在网络架构中包含循环的反馈网络,能够处理时序数据。在许多应用场景中(例如图像的字幕生成),希望生成的预测能够与之前生成的输出(例如标题中已生成的字)一致。为实现这一目标,网络以类似的方式处理输入序列中的每个元素,同时考虑先前的计算状态。因此,这种网络也被称为循环神经网络(Recurrent Neural Network,RNN)[10]。由于 RNN 在处理信息时依赖于先前的计算状态,它们提供了一种"记住"先前状态的机制。接下来,将详细介绍 RNN 的架构细节。

图 1-7 展示了一个简单的 RNN 基本架构。如上所述,RNN 包含一个反馈回路,其操作可以通过随时间展开的循环网络来可视化(见图 1-8)。展开后的 RNN 与前馈神经网络类似,只是信息流随着时间的推移而变化,不同层代表不同时刻的计算输出。因此,可以将 RNN 视为一个简单的多层神经网络,其中输入和每个时间步的输出随着时间的变化而变化。下面将重点介绍 RNN 架构的主要功能。

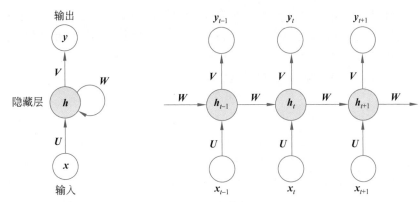

图 1-7　RNN 基本架构　　　　　　　　　图 1-8　RNN 的循环架构

可变长度输入：RNN 可以处理可变长度的输入数据，例如具有可变帧长度的视频、不同单词数量的句子或具有可变点数的 3D 点云。展开的 RNN 结构的长度取决于输入序列的长度，例如，对于由 12 个单词组成的句子，展开的 RNN 架构将包含 12 个时刻。图 1-8 中，在每个时刻 t，对网络的输入由变量 $\boldsymbol{x}_t$ 表示。

隐藏状态：RNN 在内部保存先前计算的状态，该隐藏状态由 $\boldsymbol{h}_t$ 表示。可以将该状态视为展开的 RNN 结构中前一层的输入。在序列处理开始时，该状态通常初始化为零向量或随机向量。在每个时间步，通过结合前一状态和当前输入来更新该状态：

$$\boldsymbol{h}_t = f(\boldsymbol{A}\boldsymbol{x}_t + \boldsymbol{B}\boldsymbol{h}_{t-1}) \tag{1-14}$$

其中，$f(\cdot)$ 是非线性激活函数；权重矩阵 $\boldsymbol{B}$ 称为转移矩阵，因为它影响隐藏状态随时间的变化。

可变长度输出：每个时间步的 RNN 输出用 $\boldsymbol{y}_t$ 表示。RNN 能够产生可变长度输出，例如，将一种语言的句子翻译成另一种语言，其中输出序列长度可以与输入序列长度不同。这是可能的，因为 RNN 在进行预测时会考虑隐藏状态。隐藏状态模拟先前处理的序列的联合概率，其可用于预测新的输出。例如，给定一些起始单词，RNN 可以预测句子中的下一个可能的单词，其中句子的特殊结尾符号用于表示每个句子的结尾。在这种情况下，所有可能的单词（包括句子结尾符号）都包含在进行预测的字典中。

$$\boldsymbol{y}_t = f(\boldsymbol{C}\boldsymbol{h}_t) \tag{1-15}$$

其中，$f(\cdot)$ 表示激活函数，例如柔性最大传递函数 Softmax[11]。

共享参数：在展开的 RNN 结构中，连接输入、隐藏状态和输出的参数（分别由 $\boldsymbol{A}$、$\boldsymbol{B}$ 和 $\boldsymbol{C}$ 表示）在所有时间步之间共享。这使得整个架构可以通过循环来表示其递归特性。由于 RNN 中的参数是共享的，因此可调参数的总数远小于 MLP，MLP 网络中的每个层需要学习一组单独的参数。这种参数共享的特性使得反馈网络的训练和测试更加高效。

◆ 1.3　人工神经网络的模型及应用

在过去几十年中，人工神经网络在模式识别、图像处理、自然语言处理、预测分析等领域取得了显著成就。人工神经网络的模型主要包括前馈神经网络、循环神经网络、卷积神经网络和生成对抗网络等,每种模型都具有特定的结构和学习算法。这些模型在图像识别、语音识别、推荐系统、风险预测、智能游戏等任务中得到了广泛应用,为人工智能和机器学习的发展提供了强有力的支持。本节将介绍人工神经网络的常见模型及其在不同领域的应用,旨在帮助读者理解人工神经网络的基本原理和应用前景。

1. 长/短期记忆网络

长短期记忆(Long / Short Term Memory, LSTM)[12]网络是一种常用的循环神经网络变体,广泛应用于处理序列数据的任务,如语言模型、机器翻译和语音识别等。与传统的RNN 相比,LSTM 在记忆能力和长期依赖性建模方面具有显著优势。LSTM 通过引入"门"机制来控制信息的流动和记忆的更新。具体来说,LSTM 包含一个输入门、一个遗忘门和一个输出门,每个门都由一个 Sigmoid 激活函数和一个可学习的权重矩阵构成。输入门决定哪些信息将被记忆,遗忘门决定哪些旧的记忆将被丢弃,输出门则决定哪些记忆将被输出。

在 LSTM 中,记忆单元具有一种称为"细胞状态"的内部状态,用于存储长期记忆。细胞状态通过遗忘门和输入门的控制,可以根据当前输入和前一时刻的记忆进行更新。这一机制使得 LSTM 能够有效处理长序列,捕捉序列中的重要信息,并避免传统 RNN 中常见的梯度消失和梯度爆炸问题。

LSTM 的结构灵活且可堆叠,能够根据任务的复杂性进行扩展和定制。其应用范围广泛,包括自然语言处理、语音识别、图像描述生成等领域。在这些任务中,LSTM 网络能够有效地捕捉序列数据中的上下文信息和长期依赖性,从而提升模型的性能和泛化能力。LSTM 的基本架构如图 1-9 所示。

应用:语音识别、写作识别。

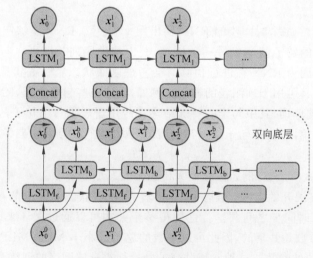

图 1-9　LSTM 的基本架构

2. 自动编码器

自动编码器(Auto Encoder,AE)[13]神经网络是一个无监督式机器学习算法,如图 1-10所示。它由两个主要部分构成:编码器和解码器。在自动编码器中,隐藏层的神经元数量通常小于输入层的神经元数量,而输入层和输出层的神经元数量相等。通过训练网络使输出尽可能接近输入,自动编码器被迫学习数据中的共同模式和特征,从而实现数据的压缩和重建。自动编码器的目标是通过更紧凑的表示来捕捉输入数据的关键特征,并能够从压缩后的表示中重建原始数据。由于自动编码器要求输出与输入一致,其算法结构相对简单且直接。这使得它成为数据降维和特征学习的有效工具。

(1)编码器:转换输入数据到低维。

(2)解码器:重构压缩数据。

应用:分类、聚类、特征压缩。

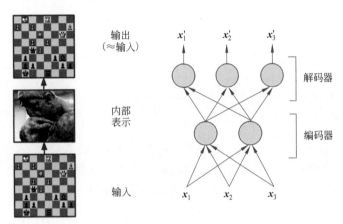

图 1-10 自动编码器

3. 生成对抗网络

生成对抗网络(Generative Adversarial Network,GAN)[7]的核心思想是通过两个相互对抗的神经网络模型(生成器和判别器)来实现数据的生成和判别。生成器负责生成与真实数据相似的合成数据样本,而判别器则负责判定这些样本是真实样本还是生成样本。两个模型通过对抗训练的方式不断迭代,生成器逐渐提升生成样本的质量,而判别器则提高对生成样本的辨别能力。GAN 的训练过程可以形象地比喻为一场"博弈":生成器试图生成逼真的样本以欺骗判别器,而判别器则努力区分真实样本与生成样本之间的差异,如图 1-11 所示。这种对抗机制使得 GAN 能够生成高质量、多样性的样本,并在图像生成、文本生成、音频生成等任务中取得显著成功。

应用:图像生成、图像转换、风格迁移、图像修复。

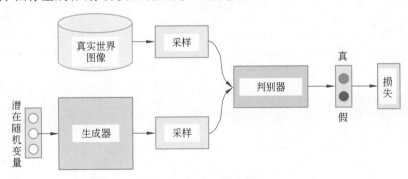

图 1-11 GAN 基本架构

◆ 1.4 例　　题

例题 1-1

使用 PyTorch[15] 创建一个简单的前馈神经网络模型,通过训练使其能够拟合带有噪声的正弦函数。

解答:

(1) 导入所需的包和模块。

```
1.  import torch
2.  import torch.nn as nn
3.  import torch.optim as optim
4.  import numpy as np
5.  import matplotlib.pyplot as plt
```

(2) 生成带有噪声的训练数据。设置随机种子,以确保结果的可重复性。使用 NumPy 生成 1000 个在 $0 \sim 2\pi$ 均匀分布的随机数作为输入特征 x_train。创建带有噪声的标签 y_train,为 sin(x_train)添加 0.1 倍的正态分布噪声。

```
1.  np.random.seed(42)
2.  x_train = np.sort(np.random.uniform(0, 2 * np.pi, 1000))
3.  y_train = np.sin(x_train) + 0.1 * np.random.randn(1000)
```

(3) 转换为 PyTorch 张量。使用 torch.tensor 将 NumPy 数组转换为 PyTorch 张量,将输入特征 x_train 和标签 y_train 分别视图变形为列向量。

```
1.  x_train = torch.tensor(x_train, dtype=torch.float32).view(-1, 1)
2.  y_train = torch.tensor(y_train, dtype=torch.float32).view(-1, 1)
```

(4) 定义前馈神经网络模型。创建一个继承自 nn.Module 的类 SinusoidRegressor,表示前馈神经网络。在模型的构造函数中定义了两个线性层(全连接层),一个 ReLU 激活函数用于非线性变换。

```
1.  class SinusoidRegressor(nn.Module):
2.    def __init__(self):
3.        super(SinusoidRegressor, self).__init__()
4.        self.fc1 = nn.Linear(1, 10)
5.        self.relu = nn.ReLU()
6.        self.fc2 = nn.Linear(10, 1)
7.    def forward(self, x):
8.        x = self.fc1(x)
9.        x = self.relu(x)
10.       x = self.fc2(x)
11.       return x
```

（5）初始化模型、损失函数和优化器。创建 SinusoidRegressor 类的实例，该实例即为要训练的神经网络模型。使用均方误差损失（Mean Squared Error Loss，MSE）[16] 作为损失函数。使用 Adam 优化器[17] 进行参数优化，学习率为 0.01。

```
1.  model = SinusoidRegressor()
2.  criterion = nn.MSELoss()
3.  optimizer = optim.Adam(model.parameters(), lr=0.01)
```

（6）训练模型。使用一个包含 5000 个 epoch 的训练循环。在每个 epoch 中进行前向传播，计算模型的预测值 y_pred。计算模型预测值与真实标签之间的均方误差损失。执行反向传播和优化步骤，更新模型的参数以减小损失。

```
1.  num_epochs = 5000
2.  for epoch in range(num_epochs):
3.      y_pred = model(x_train)
4.      loss = criterion(y_pred, y_train)
5.      optimizer.zero_grad()
6.      loss.backward()
7.      optimizer.step()
8.      if (epoch+1) % 500 == 0:
9.          print(f'Epoch [{epoch+1}/{num_epochs}], Loss: {loss.item():.4f}')
```

（7）测试模型。创建一个测试集 x_test，在 0～2π 生成 1000 个等间隔数值，并转换为列向量。使用训练好的模型对测试集进行预测，得到预测结果 y_test。

```
1.  x_test = torch.linspace(0, 2 * np.pi, 1000).view(-1, 1)
2.  y_test = model(x_test)
```

（8）可视化结果。使用 Matplotlib 库绘制图形，包括原始的带有噪声的训练数据点和模型拟合的 sin(x) 曲线。添加图例、标题、坐标轴标签等，使图形更具可读性。

```
1.  plt.figure(figsize=(8, 6))
2.  plt.plot(x_train.numpy(), y_train.numpy(), 'o', label='训练数据(拥有噪声)')
3.  plt.plot(x_test.numpy(), y_test.detach().numpy(), label='拟合的 sin(x)')
4.  plt.title('通过神经网络拟合 sin(x)')
5.  plt.xlabel('x')
6.  plt.ylabel('y')
7.  plt.legend()
8.  plt.show()
```

运行结果如图 1-12 所示。

```
1.  Epoch [500/5000], Loss: 0.0433
2.  Epoch [1000/5000], Loss: 0.0175
3.  Epoch [1500/5000], Loss: 0.0149
```

```
4.  Epoch [2000/5000], Loss: 0.0148
5.  Epoch [2500/5000], Loss: 0.0148
6.  Epoch [3000/5000], Loss: 0.0148
7.  Epoch [3500/5000], Loss: 0.0148
8.  Epoch [4000/5000], Loss: 0.0148
9.  Epoch [4500/5000], Loss: 0.0148
10. Epoch [5000/5000], Loss: 0.0148
```

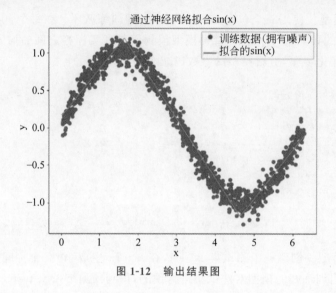

图 1-12　输出结果图

例题 1-2

使用 PyTorch 创建一个简单的反馈神经网络模型,用于进行月度航空公司乘客数量预测。

解答:

(1) 导入所需的包和模块。

```
1.  import torch
2.  import torch.nn as nn
3.  import seaborn as sns
4.  import numpy as np
5.  import matplotlib.pyplot as plt
6.  from sklearn.preprocessing import MinMaxScaler
```

(2) 加载航班乘客数据。使用 Seaborn 库的 load_dataset 函数加载航班乘客数据。

```
1.  flight_data = sns.load_dataset("flights")
```

(3) 数据预处理。提取所有乘客数据并将其转换为浮点数类型。定义测试数据集的大小为 12 个月。将训练数据和测试数据分开。

```
1.  all_data = flight_data['passengers'].values.astype(float)
2.  test_data_size = 12
3.  train_data = all_data[:-test_data_size]
4.  test_data = all_data[-test_data_size:]
```

（4）数据归一化。使用 MinMaxScaler 将训练数据归一化到范围[−1,1]。

```
1.  scaler = MinMaxScaler(feature_range=(-1, 1))
2.  train_data_normalized = scaler.fit_transform(train_data.reshape(-1, 1))
3.  train_data_normalized = torch.FloatTensor(train_data_normalized).view(-1)
```

（5）创建输入序列。定义训练窗口大小为 12 个月。创建一个函数将训练数据序列转换为输入输出对,其中输入是连续的 12 个月的数据,输出是接下来的一个月的数据。

```
1.  train_window = 12
2.  def create_inout_sequences(input_data, tw):
3.      inout_seq = []
4.      L = len(input_data)
5.      for i in range(L - tw):
6.          train_seq = input_data[i:i + tw]
7.          train_label = input_data[i + tw:i + tw + 1]
8.          inout_seq.append((train_seq, train_label))
9.      return inout_seq
10. train_inout_seq = create_inout_sequences(train_data_normalized, train_
window)
```

（6）定义 LSTM 模型。创建一个继承自 nn.Module 的 LSTM 类。在模型中包含一个 LSTM 层和一个线性层。在 forward 方法中定义了模型的前向传播。

```
1.  class LSTM(nn.Module):
2.      def __init__(self, input_size=1, hidden_layer_size=100, output_size=1):
3.          super().__init__()
4.          self.hidden_layer = hidden_layer_size
5.          self.lstm = nn.LSTM(input_size, hidden_layer_size)
6.          self.linear = nn.Linear(hidden_layer_size, output_size)
7.          self.hidden_cell = (torch.zeros(1, 1, self.hidden_layer),
8.                              torch.zeros(1, 1, self.hidden_layer))
9.      def forward(self, input_seq):
10.         lstm_out, self.hidden_cell = self.lstm(input_seq.view(len(input_
seq), 1, -1), self.hidden_cell)
11.         predictions = self.linear(lstm_out.view(len(input_seq), -1))
12.         return predictions[-1]
```

（7）模型训练。使用均方误差损失作为损失函数,Adam 优化器进行模型参数优化。训练模型,遍历数据集多个 epoch,每次通过序列进行训练,计算损失并更新模型参数。

```
1.  model = LSTM()
2.  loss_function = nn.MSELoss()
3.  optimizer = torch.optim.Adam(model.parameters(), lr=0.001)
4.  epochs = 15
5.  for i in range(epochs):
6.      for seq, labels in train_inout_seq:
7.          optimizer.zero_grad()
8.          model.hidden_cell = (torch.zeros(1, 1, model.hidden_layer),torch.
    zeros(1, 1, model.hidden_layer))
9.          y_pred = model(seq)
10.         single_loss = loss_function(y_pred, labels)
11.         single_loss.backward()
12.         optimizer.step()
13.     print(f'epoch:{i:3} loss:{single_loss.item():10.8f}')
```

(8) 模型预测。使用训练好的模型进行未来 12 个月的预测。将测试数据的最后 12 个月作为输入,逐步生成未来的预测数据。

```
1.  fut_pre = 12
2.  test_inputs = train_data_normalized[-train_window:].tolist()
3.  model.eval()
4.  for i in range(fut_pre):
5.      seq = torch.FloatTensor(test_inputs[-train_window:])
6.      with torch.no_grad():
7.          model.hidden_cell = (torch.zeros(1, 1, model.hidden_layer),
8.                               torch.zeros(1, 1, model.hidden_layer))
9.          test_inputs.append(model(seq).item())
```

(9) 反归一化。对预测数据进行反归一化,将其转换回原始数据范围。

```
1.  actual_predictions = scaler.inverse_transform(np.array(test_inputs
    [train_window:]).reshape(-1, 1))
```

(10) 绘制结果图表。绘制包括历史数据和预测数据在内的折线图,以可视化模型的性能,如图 1-13 所示。

```
1.  plt.figure(figsize=(12, 6))
2.  plt.plot(all_data, label='Historical Data')
3.  plt.plot(range(len(train_data), len(all_data)), actual_predictions,
    label='Predicted Data', linestyle='dashed')
4.  plt.title('使用 LSTM 对每月航空公司乘客数量进行预测')
5.  plt.xlabel('月份数')
6.  plt.ylabel('全部乘客数')
7.  plt.legend()
8.  plt.show()
```

运行结果如下。

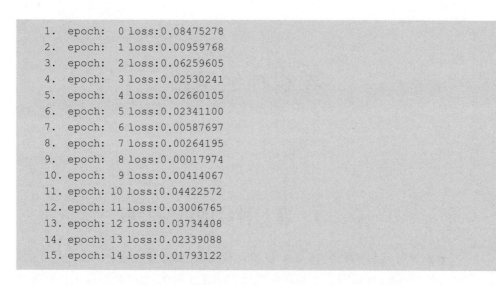

```
1.  epoch:  0 loss:0.08475278
2.  epoch:  1 loss:0.00959768
3.  epoch:  2 loss:0.06259605
4.  epoch:  3 loss:0.02530241
5.  epoch:  4 loss:0.02660105
6.  epoch:  5 loss:0.02341100
7.  epoch:  6 loss:0.00587697
8.  epoch:  7 loss:0.00264195
9.  epoch:  8 loss:0.00017974
10. epoch:  9 loss:0.00414067
11. epoch: 10 loss:0.04422572
12. epoch: 11 loss:0.03006765
13. epoch: 12 loss:0.03734408
14. epoch: 13 loss:0.02339088
15. epoch: 14 loss:0.01793122
```

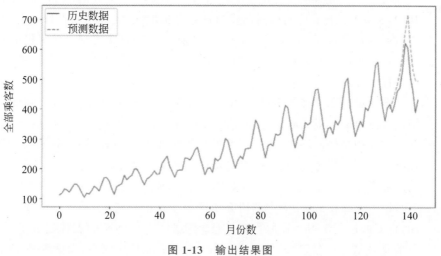

图 1-13　输出结果图

◆ 1.5　课后习题

1. 简要解释人工神经网络中的前馈过程是如何进行的。

2. 什么是激活函数？列举常用的激活函数，并简要说明它们的特点和适用场景。

3. 卷积神经网络是如何处理图像数据的？解释卷积操作和池化操作的作用。

4. 说明循环神经网络相比前馈神经网络具有的独特特点，并给出一个实际应用场景。

5. 什么是生成对抗网络？简要描述生成器和判别器在 GAN 中的作用和训练过程。

6. 人工神经网络的权重和偏置在网络中扮演着什么角色？它们是如何使用和更新的？

7. 解释长短时记忆网络相对于传统循环神经网络的优势，并给出一个 LSTM 在自然语言处理领域的应用案例。

卷积神经网络

◈ 2.1 卷积神经网络的发展

卷积神经网络的研究最早可以追溯到福岛邦彦提出的 Neocognitron 模型[18]。Neocognitron 是一个具有深度结构的神经网络,也是最早提出的深度学习算法之一,其隐藏层由 S 层(Simple-layer)和 C 层(Complex-layer)交替构成。其中,S 层单元在感受野内对图像特征进行提取,C 层单元接收和响应不同感受野返回的相同特征。Neocognitron 的 S 层和 C 层组合实现了特征提取和筛选,部分功能类似于卷积神经网络中的卷积层和池化层,被认为对卷积神经网络的开创性研究具有重要启发。

第一个卷积神经网络是 1987 年由 Alexander Waibel 等提出的时间延迟网络(Time Delay Neural Network,TDNN)[19]。TDNN 是一个应用于语音识别问题的卷积神经网络,使用快速傅里叶变换(Fast Fourier Transform,FFT)[20]预处理的语音信号作为输入,其隐藏层由 2 个一维卷积核组成,以提取频率域上的平移不变特征。由于在 TDNN 出现之前,人工智能领域在反向传播算法(Back-Propagation,BP)[8]的研究中取得了突破性进展,因此 TDNN 得以使用 BP 框架内进行学习。在原作者的比较实验中,TDNN 的表现超过了同等条件下的隐马尔可夫模型(Hidden Markov Model,HMM)[21],而后者是 20 世纪 80 年代语音识别的主流算法。

1988 年,Wei Zhang 等[22]提出了第一个二维卷积神经网络,即平移不变人工神经网络(Shift-Invariant Artificial Neural Network,SIANN),并将其应用于医学影像检测。随后,在 1989 年,Yann LeCun 等[23]构建了用于计算机视觉任务的卷积神经网络的初始版本 LeNet。LeNet 包含两个卷积层和两个全连接层,总计约 60 000 个学习参数,其规模和结构远超 TDNN 和 SIANN,并与现代卷积神经网络非常相似。LeNet 采用了随机初始化权重,并使用随机梯度下降(Stochastic Gradient Descent,SGD)[24]进行训练,这一方法也被后续深度学习研究所广泛采用。此外,Yann LeCun 在描述其网络结构时首次使用了"卷积"这一术语,从而为"卷积神经网络"这一名称奠定了基础。

LeNet 在 1993 年由贝尔实验室完成代码开发,并被部署于 NCR 公司(National Cash Register Coporation)的支票读取系统。但总体而言,由于数值计算能力有限、学习样本不足,加上同一时期以支持向量机(Support Vector Machine, SVM)[25]为代表的核学习方法的兴起,这一时期为各类图像处理问题设计的卷积神经网络停留在了研究阶段,应用端的推广较少。

在 LeNet 的基础上,1998 年 Yann LeCun 等[26]构建了更加完备的卷积神经网络 LeNet-5,并在手写数字的识别问题中取得成功。LeNet-5 沿用了 Yann LeCun 的学习策略并在原有设计中加入了池化层对输入特征进行筛选。LeNet-5 及其后产生的变体定义了现代卷积神经网络的基本结构,其构筑中交替出现的卷积层-池化层被认为能够提取输入图像的平移不变特征。LeNet-5 的成功使卷积神经网络的应用得到关注,微软公司在 2003 年使用卷积神经网络开发了光学字符读取(Optical Character Recognition,OCR)系统[27]。其他基于卷积神经网络的应用研究也得到展开,包括人脸识别[28]、手势识别[29]等。

在 2006 年深度学习理论被提出后,卷积神经网络的表征学习能力得到了关注,并随着数值计算设备的更新得到发展。自 2012 年的 AlexNet[30]开始,得到图形处理单元 (Graphics Processing Unit,GPU)计算集群支持的复杂卷积神经网络多次成为 ImageNet 大规模视觉识别竞赛(ImageNet Large Scale Visual Recognition Challenge, ILSVRC)的优胜算法,包括 2013 年的 ZFNet[31]、2014 年的 VGGNet[32]、GoogLeNet[33]和 2015 年的残差网络(Residual Network,ResNet)[34]。这使得人们认识到了卷积神经网络的巨大潜力,各类深度网络结构层出不穷,各种卷积神经网络的应用也变得更加广泛。

◆ 2.2　卷积神经网络的原理

卷积神经网络是一种深度学习算法,广泛应用于图像处理和模式识别任务。其核心原理包括卷积运算、非线性激活函数和池化操作。这些机制使得 CNN 能够有效地提取和学习图像中的特征,从而在各种视觉任务中表现出色。

卷积神经网络的主要原理如下。

卷积操作:卷积层是卷积神经网络的核心组成部分。它通过卷积核对输入图像进行卷积运算。卷积核是一个小的滤波器,通过在输入图像上滑动,对每个局部区域的像素值与卷积核的权重进行乘积并累加,从而生成一个输出值。通过在不同位置应用多个卷积核,CNN 能够有效地提取图像中的各种特征,如边缘、纹理和形状等。

非线性激活函数:在卷积运算后,为引入非线性变换,卷积神经网络通常会在每个卷积操作之后应用非线性激活函数,如 ReLU 函数。ReLU 函数将输入值小于零的部分设为零,而对大于或等于零的部分保持不变。此操作使得网络具备更强的表达能力,从而能够学习和捕捉更复杂的特征。

池化操作:池化层用于缩小特征图的尺寸,同时保留关键信息。常见的池化操作包括最大池化和平均池化。最大池化从输入区域中选择最大值作为输出,而平均池化则计算输入区域的平均值作为输出。池化操作有助于减少参数数量,提取网络的局部不变特征,并增强模型的泛化能力。

全连接层:在卷积和池化操作之后,通常会添加一个或多个全连接层。全连接层将前一层的所有特征连接成一个向量,并通过线性变换和激活函数生成最终的输出。全连接层能够学习更高级别的特征表示,并用于最终的分类或回归任务。

通过组合多个卷积层、非线性激活函数、池化层和全连接层,CNN 能够根据输入图像的特征提取高级语义信息,并生成相应的输出。在训练 CNN 时,通常使用反向传播算法和梯度下降优化来调整网络的参数,以使输出尽可能接近真实标签。通过大规模数据的训练,CNN 能够实现高准确率,并在众多图像识别任务中取得突破性的成就。

◈ 2.3 卷积神经网络的基本组件

2.3.1 卷积层

卷积层是 CNN 中最关键的组成部分。它由一组卷积核组成,这些卷积核与输入数据进行卷积操作,从而生成输出特征图。

什么是滤波器? 卷积层中的每个滤波器都是离散数字的网格。例如,考虑图 2-1 中的 3×3 滤波器。在 CNN 训练期间,每个滤波器的权重(网格中的数字)可以学习得到。该学习过程涉及在训练开始时随机初始化滤波器权重。之后,给定"输入-输出"对,滤波器的权重会在多次迭代中不断调整。

1	0	1
0	1	0
1	0	1

图 2-1 三维图像滤波器

什么是卷积操作? 当给定一张新图时,CNN 并不能准确知道这些特征应匹配原图的哪些部分。因此,它会在原图中尝试每一个可能的位置,相当于将特征变成一个滤波器。这个过程被称为卷积操作。考虑图 2-2 中的三维卷积来深入了解该层的操作。给定一个三维输入特征图和一个卷积滤波器(见图 2-1),它们的矩阵大小分别为 5×5 和 3×3,卷积层将滤波器与输入特征图中的一个高亮小块(也是 3×3)进行逐元素相乘,并将所有值相加,生成输出特征图中的一个值。卷积核沿水平或垂直方向(即沿着输入矩阵的行或列)以步幅为 1 的策略滑动,这个步幅称为卷积滤波器的步幅,也可以根据需要设置为不同的值。滤波器将沿输入特征图的宽度和高度滑动,直到无法再进一步移动为止。

卷积层的操作如图 2-2 所示。图 2-2(a)~图 2-2(i)显示在每个步骤执行的计算,展示了滤波器在输入特征图上滑动,以计算输出特征图中的对应值。每个卷积步骤中,在一个 5×5 的输入特征图上,3×3 滤波器与该特征图中相同大小的区域(以红色显示,扫二维码查看)相乘,并将得到的值相加,获得输出特征图如图 2-3 所示。

由图 2-3 可以看到,与输入特征图相比,输出特征图的空间大小减小了。准确地说,对于尺寸为 $f \times f$ 的滤波器,输入特征图的大小为 $h \times w$ 并且步幅为 s,则输出特征尺寸由下式给出:

$$h' = \left\lfloor \frac{h-f+s}{s} \right\rfloor, \quad w' = \left\lfloor \frac{w-f+s}{s} \right\rfloor \tag{2-1}$$

其中,$\lfloor \cdot \rfloor$ 表示向下取整操作。但是,在某些应用(例如图像去噪、图像超分辨率或图像分割)中,希望在卷积后保持空间大小不变(或甚至更大)。这很重要,因为这些应用程序需要在像素级别进行更密集的预测。此外,它可以避免输出特征维度的快速崩塌,从而允许

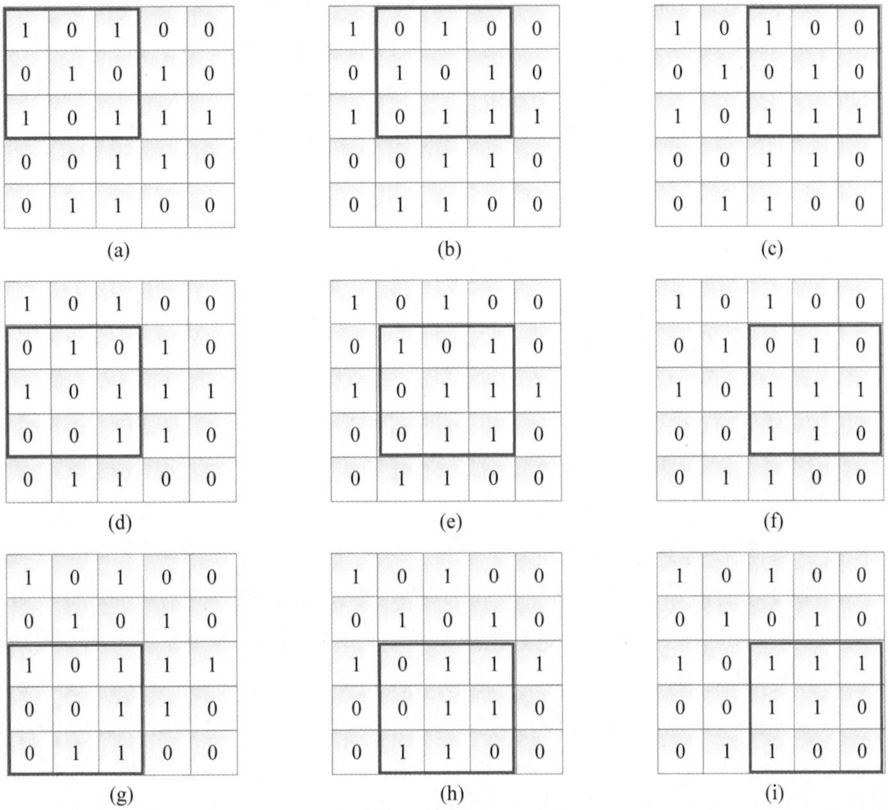

图 2-2 彩图

图 2-2 卷积层的操作

(a) (b) (c) (d) (e) (f) (g) (h) (i)

图 2-3 输出特征图

设计更深的网络。这有助于实现更好的性能和更高分辨率的输出标签。

这可以通过在输入特征图的边缘应用零填充来实现。水平和垂直方向上的零填充允许增加输出特征图的尺寸,从而在网络架构设计中提供更大的灵活性。其基本思想是通过扩展输入特征图的尺寸来获得所需的输出特征图尺寸。如果 p 表示在每个维度上对输入特征图进行的零填充像素数,那么修改后的输出特征图尺寸可以表示为

$$h' = \left\lfloor \frac{h - f + s + p}{s} \right\rfloor, \quad w' = \left\lfloor \frac{w - f + s + p}{s} \right\rfloor \tag{2-2}$$

如果卷积层不对输入进行零填充并仅应用"有效"卷积,那么在每个卷积层之后,输出特征的空间大小将减少一小部分,并且边界处的信息也将被非常快速地"冲走"。

填充卷积通常可以划分为基于零填充的 3 种类型。

（1）**有效卷积**：是最简单的情况，不涉及零填充。滤波器始终保持在输入特征图中的"有效"位置（即没有零填充值），并且输出尺寸沿高度和宽度减小了 $f-1$。

（2）**同尺寸卷积**：确保输出和输入特征图具有相同的尺寸。为实现此目的，输入会适当地零填充。例如，对于步幅为 1，填充由 $p=\lfloor f/2 \rfloor$ 给出。这就是为什么它也称为"半"卷积。

（3）**全尺寸卷积**：在卷积之前将最大可能的填充应用于输入特征图。最大可能的填充是所有卷积运算中至少有一个有效输入值的填充。因此，对于大小为 f 的滤波器，它等效于填充 $f-1$ 个 0，使得在极端的角落处，卷积中将包括至少一个有效值。

感受野：在计算机视觉任务中，输入数据通常具有非常高的维度（如图像和视频），因此需要使用大规模的卷积神经网络来有效处理这些数据。为了应对这一挑战，通常使用相对较小的卷积核，而不是定义与输入空间大小相等的卷积滤波器。例如，在实际应用中，通常使用 3×3、5×5 和 7×7 的滤波器用于处理尺寸为 110×110、224×224 甚至更大的图像。

这种设计有两个主要优点：首先，使用较小尺寸的卷积核显著减少了可学习参数的数量；其次，小尺寸的滤波器可以确保从局部区域（如图像中的不同对象部分）学习并提取特征模式。滤波器的大小（即其高度和宽度）定义了其在每次卷积步骤中所覆盖的区域，这个区域被称为"感受野"。感受野具体指与输入图像/特征的空间维度相关的区域。当多个卷积层堆叠在一起时，每层的"有效感受野"成为所有先前卷积层感受野的函数。对于一个 N 层堆叠的卷积层网络（每层配置一个核的大小为 f 的卷积核），其有效感受野可以表示为

$$\mathrm{RF}_{\mathrm{eff}}^{n} = f + n(f-1), \quad n \in [1,N] \tag{2-3}$$

例如，如果堆叠两个卷积层（其内核大小分别为 5×5 和 3×3），则第二层的感受野将是 3×3，但其相对于输入图像的有效感受野将是 7×7。当堆叠卷积层的步幅和滤波器尺寸不同时，每层的有效感受野可以用更一般的形式表示如下：

$$\mathrm{RF}_{\mathrm{eff}}^{n} = \mathrm{RF}_{\mathrm{eff}}^{n-1} + \left((f_n - 1) \times \prod_{i=1}^{n-1} s_i \right) \tag{2-4}$$

其中，f_n 表示第 n 层的滤波器大小；s_i 表示每一个前一层的步幅长度；$\mathrm{RF}_{\mathrm{eff}}^{n-1}$ 表示前一层的有效感受野。因此，卷积神经网络中，越深层的神经元的感受野就越大，如图 2-4 所示。

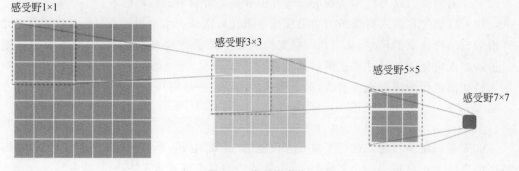

图 2-4　感受野变化

扩展感受野：为了在不显著增加参数数量的情况下实现非常深的模型，一种策略是堆叠多个具有较小感受野的卷积层。然而，这种方法会限制卷积滤波器的空间上下文，其感受野仅与层数线性相关。在需要进行像素级密集预测的应用（如图像分割和标记）中，理想的特征是使用具有较大感受野的卷积层来聚合更广泛的上下文信息。扩张卷积（或称为空洞卷积）是一种扩展感受野的技术，它不增加参数数量。其核心思想是引入新的空洞参数(d)，其在执行卷积时决定滤波器权重之间的间隔。具体而言，假设一个因子为d的空洞意味着原始滤波器在每个元素之间扩展($d-1$)个空格，并且中间的空位置用零填充。因此，卷积核的尺寸从$f \times f$扩展到$f+(d-1)(f-1)$的大小。对应于具有预定义滤波器大小(f)、零填充幅度(p)、步幅(s)、空洞因子(d)且高度(h)和宽度(w)的输入的卷积运算的输出维数如下：

$$h' = \frac{h-f-(d-1)(f-1)+s+2p}{s}$$

$$w' = \frac{w-f-(d-1)(f-1)+s+2p}{s} \tag{2-5}$$

第n层的有效感受野可表示为

$$\mathrm{RF}_{\mathrm{eff}}^{n} = \mathrm{RF}_{\mathrm{eff}}^{n-1} + d(f-1)，满足 \mathrm{RF}_{\mathrm{eff}}^{1} = f \tag{2-6}$$

超参数：在滤波器学习之前，需要由用户设置的卷积层参数（例如步幅和填充）称为超参数。这些超参数可以被解释为基于特定应用的网络架构设计选择。

高维案例：在二维情况下，滤波器仅具有单个通道，与输入特征图的通道进行卷积，以生成输出响应。对于更高维度的情况，例如，当 CNN 的输入为三维张量时（见图 2-5），滤波器将是一个三维立方体，它在输入特征图的高度、宽度和深度上执行卷积，以生成相应的三维输出特征图。然而，上述针对二维情况讨论的所有概念仍然适用于三维及更高维度的输入（如三维时空表示学习）。唯一的区别在于卷积操作的扩展到额外的维度。例如，在三维情况下，除了在高度和宽度方向上进行卷积，还需要在深度方向上进行卷积。类似地，可以在三维情况下沿深度方向执行零填充和步幅操作。

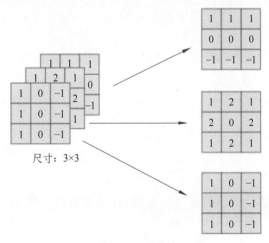

图 2-5　三维卷积示例

2.3.2　池化层

池化层对输入特征图的部分区域进行操作,并将其特征激活进行组合。该组合操作由平均池化或最大池化等池化函数定义。类似于卷积层,需要指定池化区域的大小和步幅。图 2-6 展示了最大池化操作,其中从每个池化区域中选择最大激活值。池化窗口在输入特征图上滑动,步幅定义了窗口每次滑动的单位距离(见图 2-6,步幅为 1)。如果池化区域的大小为 $f \times f$,步幅为 s,则输出特征图的大小由式(2-7)给出:

$$h' = \left\lfloor \frac{h - f + s}{s} \right\rfloor, \quad w' = \left\lfloor \frac{w - f + s}{s} \right\rfloor \tag{2-7}$$

池化操作有效地对输入特征图进行下采样。这一过程对于获得紧凑的特征表示非常重要,使得特征在图像中对象的尺度、姿势和位置的适度变化下保持一定的不变性。

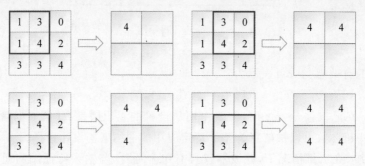

图 2-6　最大池化操作

2.3.3　归一化层

在神经网络中,数据归一化是常见的预处理步骤,通常在卷积层后进行,以确保数据在进行下采样和激活等操作前的稳定性。目前,几种常见的数据归一化层包括:批量归一化(Batch Normalization,BN)[35]、层归一化(Layer Normalization,LN)[36]、实例归一化(Instance Normalization,IN)[37]和组归一化(Group Normalization,GN)[38]。本节将对这些归一化方法的计算方式进行比较。

数据的归一化操作通常包括计算均值和方差,然后对数据进行标准化。具体而言,对于标量数据 $x_i \in \mathbf{R}$,在给定的数据集 $X = \{x_1, x_2, \cdots, x_m\}$ 中,标准化的步骤如下。

首先,计算数据集的均值和方差:

$$\mu = \frac{1}{m} \sum_{i=1}^{m} x_i \tag{2-8}$$

$$\sigma^2 = \frac{1}{m} \sum_{i=1}^{m} (x_i - \mu)^2 \tag{2-9}$$

其中,μ 表示数据的均值;σ^2 为数据集的方差;m 表示数据集大小。然后,对这个数据集中的每个数据点进行标准化(归一化):

$$\hat{x} = \frac{x_i - \mu}{\sqrt{\sigma^2 + \varepsilon}} \tag{2-10}$$

其中，ε 是一个很小的常数，避免分母为 0。

BN、LN、IN 和 GN 这 4 种归一化方法的主要区别在于计算均值和方差时所用的数据集。如果将需要进行标准化的值视为一个像素点，那么数据集可以被称为像素集。这 4 种方法在计算均值和方差时所用的像素集存在以下区别：如图 2-7 所示，蓝色区域(扫二维码查看)表示每种方法在计算均值和方差时所用的像素集。最终，这些方法将整个输入特征图按照不同的区域划分，并对每个区域分别进行归一化处理。

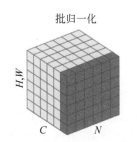 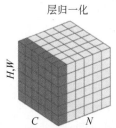 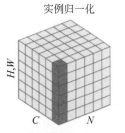 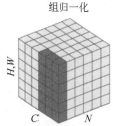

图 2-7 彩图

图 2-7 不同归一化方法像素集

1. BN

假设输入特征为 $x \in \mathbf{R}^{B \times C \times H \times W}$，其中，$B$ 表示批量大小，C 表示通道数，H 和 W 分别表示高和宽。批归一化的计算过程如下：对每个通道，计算该通道上所有样本的均值 μ_c 和方差 σ_c^2：

$$\mu_c = \frac{1}{B \times H \times W} \sum_{i=1}^{B} \sum_{j=1}^{H} \sum_{k=1}^{W} x_{i,c,j,k} \tag{2-11}$$

$$\sigma_c^2 = \frac{1}{B \times H \times W} \sum_{i=1}^{B} \sum_{j=1}^{H} \sum_{k=1}^{W} (x_{i,c,j,k} - \mu_c)^2 \tag{2-12}$$

对每个通道进行标准化，得到标准化后的输出 $\hat{x}_{i,c,j,k}$：

$$\hat{x}_{i,c,j,k} = \frac{x_{i,c,j,k} - \mu_c}{\sqrt{\sigma_c^2 + \varepsilon}} \tag{2-13}$$

其中，ε 是一个很小的常数，避免分母为 0。

对标准化后的输出进行缩放和平移：

$$y_{i,c,j,k} = \gamma_c \hat{x}_{i,c,j,k} + \beta_c \tag{2-14}$$

其中，γ_c 和 β_c 分别表示可学习的缩放因子和偏移量，用于保留网络中原有的表达能力。

BN 在每个批次中计算均值和方差，主要用于对批次中的输入数据进行标准化，将其均值调整为 0，方差调整为 1。这种标准化方法有助于缓解梯度消失问题，加速模型收敛，并对抗协变量转移现象，从而提升模型的泛化能力。

2. LN

与 BN 不同，LN 在每个样本的通道维度上进行归一化。具体而言：对于输入张量 $x \in \mathbf{R}^{B \times C \times H \times W}$，每个样本单独计算其在通道、高和宽上的平均值和方差：

$$\mu_b = \frac{1}{C \times H \times W} \sum_{i=1}^{C} \sum_{j=1}^{H} \sum_{k=1}^{W} x_{b,i,j,k} \tag{2-15}$$

$$\boldsymbol{\sigma}_b^2 = \frac{1}{C \times H \times W} \sum_{i=1}^{C} \sum_{j=1}^{H} \sum_{k=1}^{W} (\boldsymbol{x}_{b,i,j,k} - \boldsymbol{\mu}_b)^2 \tag{2-16}$$

然后,对于每个样本进行标准化,得到标准化后的输出 $\hat{\boldsymbol{x}}_{b,i,j,k}$,进行如下计算:

$$\hat{\boldsymbol{x}}_{b,i,j,k} = \frac{\boldsymbol{x}_{b,i,j,k} - \boldsymbol{\mu}_b}{\sqrt{\boldsymbol{\sigma}_b^2 + \varepsilon}} \tag{2-17}$$

最后,为了保留网络的表达能力,在归一化后的特征值上加入可学习的缩放 $\boldsymbol{\gamma}$ 和偏移参数 $\boldsymbol{\beta}$,使得网络可以自由地调整每个通道的表示范围:

$$\boldsymbol{y}_{b,i,j,k} = \boldsymbol{\gamma} \hat{\boldsymbol{x}}_{b,j,k} + \boldsymbol{\beta} \tag{2-18}$$

其中,$\boldsymbol{y}_{b,i,j,k}$ 表示经过 LN 归一化后再加入缩放和偏移因子的结果;$\boldsymbol{\gamma}$ 和 $\boldsymbol{\beta}$ 都是与 $\boldsymbol{x}$ 相同形状的张量。

LN 主要用于对一维序列数据进行标准化,例如时间序列或自然语言处理中的 RNN 模型。LN 的计算是针对每个样本的所有特征维度进行的,目的是保证在每个时间步上,不同特征的输出具有相同的分布,进而帮助模型更好地学习长期依赖关系。LN 特别适用于处理序列数据,如时间序列或 RNN 模型中的自然语言处理任务。

3. IN

对于 IN,它的一个像素集为一个特征图像素点集合,那么对于输入需要进行 $N \times C$ 次的归一化。

IN 适用于生成模型中,比如图片风格迁移。因为图片生成的结果主要依赖于某个图像实例,所以对整个批次进行归一化操作并不适合图像风格化的任务,在风格迁移中适用 IN 不仅可以加速模型收敛,并且可以保持每个图像实例之间的独立性。该方法归一化的是每个样本和每个通道上的特征值。具体计算过程如下:设输入张量 $\boldsymbol{x}$ 的形状为 $B \times C \times H \times W$,首先,对每个样本和每个通道计算平均值和方差:

$$\boldsymbol{\mu}_{b,c} = \frac{1}{H \times W} \sum_{i=1}^{H} \sum_{j=1}^{W} \boldsymbol{x}_{b,c,i,j} \tag{2-19}$$

$$\boldsymbol{\sigma}_{b,c}^2 = \frac{1}{H \times W} \sum_{i=1}^{H} \sum_{j=1}^{W} (\boldsymbol{x}_{b,c,i,j} - \boldsymbol{\mu}_{b,c})^2 \tag{2-20}$$

其中,$\boldsymbol{\mu}_{b,c}$ 表示 b 个样本、第 c 个通道上的平均值;$\boldsymbol{\sigma}_{b,c}^2$ 表示第 b 个样本、第 c 个通道上的方差。

归一化结果如下:

$$\hat{\boldsymbol{x}}_{b,c,i,j} = \frac{\boldsymbol{x}_{b,c,i,j} - \boldsymbol{\mu}_{b,c}}{\sqrt{\boldsymbol{\sigma}_{b,c}^2 + \varepsilon}} \tag{2-21}$$

其中,$\hat{\boldsymbol{x}}_{b,c,i,j}$ 表示归一化后的特征值。

最后,为了保持网络的表达能力,在归一化后的特征值上添加可学习的缩放和偏移参数,使网络能够自由地调整每个通道和空间位置的表示范围。设第 c 个通过的缩放因子为 $\boldsymbol{\gamma}_c$ 和偏移量为 $\boldsymbol{\beta}_c$,则变换后的特征值计算公式为

$$\boldsymbol{y}_{b,c,i,j} = \boldsymbol{\gamma}_c \hat{\boldsymbol{x}}_{b,c,i,j} + \boldsymbol{\beta}_c \tag{2-22}$$

其中,$\boldsymbol{y}_{b,c,i,j}$ 表示经过 IN 归一化后再加入缩放和偏移因子的结果。

IN 主要用于对图像数据的通道维度进行标准化。在图像生成和风格迁移等任务中,IN 能够较好地保留图像的色调、亮度等信息,从而生成更加真实和自然的图像。

4. GN

GN 计算均值和标准差时,把每一个样本特征的通道分成 G 组,每组将有 C/G 个通道,并对每个组独立地进行归一化。平均值和方差计算如下:

$$\boldsymbol{\mu}_{b,g} = \frac{1}{(C/G) \times H \times W} \sum_{c=gC/G}^{(g+1)C/G} \sum_{j=1}^{H} \sum_{j=1}^{W} \boldsymbol{x}_{b,c,i,j} \tag{2-23}$$

$$\boldsymbol{\sigma}_{b,g}^2 = \frac{1}{(C/G) \times H \times W} \sum_{c=gC/G}^{(g+1)C/G} \sum_{j=1}^{H} \sum_{j=1}^{W} (\boldsymbol{x}_{b,c,i,j} - \boldsymbol{\mu}_{b,g})^2 \tag{2-24}$$

归一化结果如下:

$$\hat{\boldsymbol{x}}_{b,c,i,j} = \frac{\boldsymbol{x}_{b,c,i,j} - \boldsymbol{\mu}_{b,g}}{\sqrt{\boldsymbol{\sigma}_{b,g}^2 + \varepsilon}} \tag{2-25}$$

其中,$\hat{\boldsymbol{x}}_{b,c,i,j}$ 表示归一化后的特征值。

GN 适用于显存占用较大的任务,例如图像分割。在这些任务中,可能由于显存限制,批量大小仅能设置为个位数。对于这种情况,BN 的表现可能会受到影响,因为在批量较小的情况下,无法有效估计全体数据的均值和标准差。而 GN 通过对特征图的通道进行分组处理,可以在批量大小较小时仍保持良好的归一化效果。

2.3.4 激活函数

本节从三个方面探讨激活函数:首先,本节将定义什么是激活函数;其次,讨论为何在卷积层之后添加激活函数;最后,介绍常见的激活函数及其如何选择。

1. 什么是激活函数

一个神经元接收多个输入信号,这些信号首先被乘以相应的权重,然后求和。接着,激活函数对该加权和进行处理,生成神经元的输出信号。激活函数的作用是对神经元的输入进行变换,以产生最终的输出。

2. 为什么要在卷积层后面添加激活函数

如果仅使用线性变换,无论神经网络有多少层,其效果都可以简化为一层神经元的操作。这使得神经网络实际上只是一个简单的多元线性回归模型,无法处理更复杂的函数。例如,若只依赖线性操作,神经网络将无法拟合圆等复杂的曲线,始终只能表示超平面,而无法表示更复杂的曲面。

激活函数的目的是将神经网络非线性化,即提升神经网络的拟合能力,使其能拟合更复杂的函数。激活函数对模型学习、理解非常复杂和非线性的函数具有重要作用。激活函数可以引入非线性因素。如果不使用激活函数,则输出信号仅是一个简单的线性函数。线性函数是一个一级多项式,线性方程的复杂度有限,从数据中学习复杂函数映射的能力很小。没有激活函数,神经网络将无法学习和模拟其他复杂类型的数据,例如图像、视频、音频、语音等。激活函数可以把当前特征空间通过一定的线性映射转换到另一个空间,让数据能够更好地被分类。

3. 激活函数的性质

(1)连续:激活函数在输入值发生微小变化时,输出值也相应发生微小变化,保持连续性。

（2）可导：在定义域中，每一处都是存在导数；理论上，几乎所有的连续可导函数都可以用作激活函数。

常见的激活函数通常是分段线性或具有指数形状的非线性函数。图 2-8 展示了 6 种主要的激活函数。

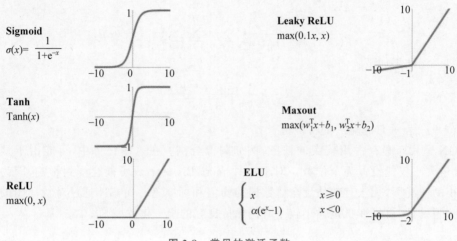

图 2-8　常见的激活函数

在实际的应用中，需要先了解以下概念。

饱和：当一个激活函数 $h(x)$ 满足 $\lim\limits_{x \to +\infty} h'(x) = 0$ 时，称之为右饱和。当一个激活函数 $h(x)$ 满足 $\lim\limits_{x \to -\infty} h'(x) = 0$ 时，称之为左饱和。当一个激活函数既满足左饱和又满足右饱和时，称之为饱和。

硬饱和与软饱和：对任意的 x，如果存在常数 c，当 $x > c$ 时恒有 $h'(x) = 0$，则称其为右硬饱和；对任意的 x，如果存在常数 c，当 $x < c$ 时恒有 $h'(x) = 0$，则称其为左硬饱和。若既满足左硬饱和，又满足右硬饱和，则称这种激活函数为硬饱和。如果只有在极限状态下偏导数等于 0 的函数，称之为软饱和。

1）Sigmoid 激活函数[8]

Sigmoid 是平滑的阶梯函数，可导。Sigmoid 可以将任何值转换成 0～1 概率，用于二分类。

$$y = \frac{1}{(1 + e^{-x})} \qquad (2\text{-}26)$$

$$y' = \frac{e^{-x}}{(1 + e^{-x})^2} \qquad (2\text{-}27)$$

$$y' = y(1 - y) \qquad (2\text{-}28)$$

Sigmoid 在定义域内处处可导，根据上述对饱和的定义，其可被定义为软饱和激活函数。

Sigmoid 激活函数的软饱和性曾经是深度神经网络训练中的一个主要挑战，这也是神经网络发展受阻的重要原因之一。具体来说，由于在后向传递过程中，Sigmoid 向下传导的梯度包含了一个 $f'(x)$ 因子（Sigmoid 关于输入的导数），因此一旦输入落入饱和区，

$f'(x)$ 就会变得接近于 0,导致了向底层传递的梯度也变得非常小。这种梯度消失现象使得网络参数在训练过程中难以得到有效更新。通常,Sigmoid 激活函数在网络深度达到 5 层时便会出现显著的梯度消失问题。

这里给出一个关于梯度消失的通俗解释。

Sigmoid 函数将负无穷到正无穷的数映射到 0~1,其导数为 $f'(x)=f(x)(1-f(x))$。由于 Sigmoid 函数的输出位于 0~1,导数的值也会相应较小。因为反向传播过程中,梯度是逐层乘积计算的,若网络层数较深,经过多次链式法则的乘积,梯度可能会变得非常小,最终趋近于 0。这种现象称为梯度消失,导致前面层(靠近输入层)的权重几乎不会更新。

由于 Sigmoid 的导数值小于 $1/4$,x 变化的速率会快于 y 变化的速率。随着层数增加,反复应用 Sigmoid 函数会导致前层更新幅度较大,而后层更新幅度较小。因此,网络在训练过程中更倾向于更新靠近输出层的参数,而对靠近输入层的参数更新较少。

Sigmoid 函数的优点如下。

(1) Sigmoid 函数的输出映射在 0~1,单调连续,输出范围有限,优化稳定,可以用作输出层。它在物理意义上最为接近生物神经元。

(2) 求导容易。

Sigmoid 函数的缺点如下。

(1) Sigmoid 函数的输出并不以 0 为中心,这可能导致一些问题。在反向传播过程中,Sigmoid 函数的计算涉及除法运算,从而增加了计算量。此外,Sigmoid 函数的敏感区域较窄,主要集中在 $(-1,1)$,当输入超出该区间时,函数进入饱和状态,梯度会变得非常小。

(2) 由于 Sigmoid 函数的软饱和性,在反向传播中,容易出现梯度消失问题,导致训练出现问题,无法完成深层网络的训练。

2) Tanh 激活函数

$$y = \tanh(x) = \frac{e^x - e^{-x}}{e^x + e^{-x}} \tag{2-29}$$

$$y' = \frac{4e^{2x}}{(e^{2x} + 1)^2} \tag{2-30}$$

类似地,Tanh 激活函数也存在软饱和性。然而,相比于 Sigmoid,Tanh 函数的收敛速度通常更快。这是因为 Tanh 函数的输出均值接近于 0,这使得随机梯度下降更接近自然梯度,从而有效减少了所需的迭代次数。

Tanh 激活函数的优点如下。

(1) 相对于 Sigmoid 函数,Tanh 函数具有更快的收敛速度。

(2) 与 Sigmoid 不同,Tanh 函数的输出以 0 为中心。

Tanh 激活函数的缺点:与 Sigmoid 函数一样,Tanh 函数仍然受到饱和性导致的梯度消失问题的影响。

3) ReLU 激活函数[9]

$$y = \begin{cases} x, & x \geqslant 0 \\ 0, & x < 0 \end{cases} \tag{2-31}$$

如上所述，ReLU 在 $x<0$ 时硬饱和。由于 $x>0$ 时导数为 1，所以，ReLU 能够在 $x \geqslant 0$ 时保持梯度不衰减，从而缓解梯度消失问题。然而，随着训练的推进，部分输入会落入硬饱和区，导致对应权重无法更新，这种现象被称为"神经元死亡"。

ReLU 函数的优点：与 Sigmoid 和 Tanh 相比，ReLU 在随机梯度下降中通常能更快地收敛。这是因为 ReLU 的形式是线性的且非饱和的，相较于 Sigmoid 和 Tanh，其实现也更为简单，不涉及复杂的运算（如指数运算）。ReLU 有效地缓解了梯度消失的问题，并在不需要无监督预训练的情况下仍能表现良好。此外，ReLU 还提供了神经网络的稀疏表达能力。

ReLU 函数的缺点：随着训练的进行，可能会出现"神经元死亡"的现象，导致权重无法更新。这种情况发生时，流经神经元的梯度将从该点开始变为 0。也就是说，该 ReLU 神经元在训练过程中不可逆地"死亡"。

4）Leaky ReLU（Leaky Rectified Linear Unit）激活函数[39]

$$y = \begin{cases} x, & x \geqslant 0 \\ \alpha x, & x < 0 \end{cases} \tag{2-32}$$

Leaky ReLU 函数是 ReLU 函数的一种变种，专门设计用于解决 Dead ReLU 问题的激活函数。该函数使用一个类似 0.01 的小值来初始化神经元，以确保 ReLU 在负数区域更倾向于激活而不是失活。

5）Maxout 激活函数[40]

Maxout 函数在激活函数中具有显著的独特性，可以被视为在神经网络中引入一个可学习的激活函数层。与其他激活函数不同，Maxout 是一种可学习的分段线性函数，这意味着它需要额外的参数，这些参数可以通过反向传播进行学习。由于参数量的增加，计算量也相应增加。

在传统的神经网络中，从第 i 层输入到第 $i+1$ 层的转换仅依赖于一组权重参数，这些参数决定了上一层输入的变换。而 Maxout 则在第 i 层到第 $i+1$ 层的过程中引入了更多的参数。具体而言，对第 i 层的输出，Maxout 将其连接 k 个隐藏单元，并通过这些隐藏单元的参数进行计算，然后从这 k 个计算结果中选择最大值作为最终输出。

$$h_i(x) = \max_{j \in [1,k]} z_{ij} \tag{2-33}$$

$$其中，z_{ij} = x^{\mathrm{T}} W_{ij} + b_{ij}, W \in \mathbf{R}^{d \times m \times k}$$

使用 Maxout 时，需要人为设定一个参数 k，这个参数 k 表示每个神经元输出之后接的虚拟隐藏层的个数。权重参数 W 的维度是 (d, m, k)，其中 d 代表的是输入节点的个数，m 代表的则是输出层节点的个数。这一维度设置与传统神经网络的第 i 层参数设置相似。然而，Maxout 增加了一个额外的维度 k，用于产生中间的 k 个输出，并从这些输出中选择最大值作为最终的输出。

如图 2-9 所示，原神经网络包含两个输入神经元 x 和一个输出神经元 $h_i(x)$。在传统神经网络中，神经元直接连接 x 和 $h_i(x)$。而在应用 Maxout 激活函数后，在两层之间引入了一个虚拟隐藏层，其中包含 k 个额外的参数。输入首先经过 Maxout 的隐藏层进行处理，产生 k 个中间输出，然后选择这些输出中的最大值作为最终输出，并将其传递到下一层。此时,虚拟隐藏层的权重 W 和偏置 b 成为需要学习的参数。由此可见,相比于传统网络,参数量的增加是针对每个输出神经元增加了 k 个额外的参数。

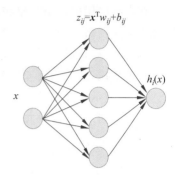

图 2-9　Maxout 函数

普通神经元结合激活函数输出一组结果,而通过 Maxout 激活函数,可以获得 k 组输出,然后从中选择最大值。Maxout 的非线性拟合能力较强,因为它具有更多的可学习参数。具体来说,ReLU 函数可以表示为 $\text{ReLU}(z) = \max(0, z)$,而 Maxout 函数同样取最大值。如果设定一个虚拟神经元学习 $m(x) = x$ 和另一个虚拟神经元学习 $m(x) = 0$,则两个神经元的最大值运算就等同于 ReLU 激活函数。显然,Maxout 函数能够在更复杂的情况下进行学习。通过增加虚拟神经元的数量,可以学习更复杂的激活函数,这就是 Maxout 拟合能力更强的原因。实际上,Maxout 函数能够拟合任意的凸函数。

与 ReLU 相比,Maxout 具有 ReLU 的一些优点,例如分段线性和不容易梯度消失。同时,Maxout 可能也有 ReLU 所没有的优点,比如神经元不会失活。但是这些优点是通过计算量换来的,Maxout 的计算量非常大。

6) 非线性单元(Exponential Linear Unit,ELU)激活函数[41]

ELU 的提出也解决了 ReLU 的问题。与 ReLU 相比,ELU 包含负值,这会使激活的平均值接近零。均值接近零可以加速学习,因为它使梯度更接近自然梯度。

$$y = \begin{cases} x, & x > 0 \\ \alpha(e^x - 1), & x \leqslant 0 \end{cases} \tag{2-34}$$

ELU 函数的特点如下。

(1) ELU 函数解决了 Dead ReLU 问题,输出的平均值接近 0,以 0 为中心。

(2) ELU 通过减少偏置偏移的影响,使正常梯度更接近于单位自然梯度,从而使均值向零加速学习。

(3) ELU 函数在较小的输入下会饱和至负值,从而减少前向传播的变异和信息。

(4) ELU 函数的计算强度更高。

(5) 与 Leaky ReLU 类似,尽管理论上比 ReLU 要好,但目前在实践中没有充分的证据表明 ELU 总是优于 ReLU。

4. 如何选择激活函数

在输出层,通常使用 Sigmoid 激活函数,因为它能够将输出结果映射到 0~1,适合处理二分类问题(输出为 0 或 1)。在这种情况下,Sigmoid 函数可以有效地将输出解释为概率值。其他层一般选择 ReLU 激活函数。

在隐藏层,Tanh 函数通常优于 Sigmoid 函数,因为 Tanh 的取值范围在 −1~1,具有类似数据中心化的效果,这有助于提升模型的训练效果和收敛速度。

如果在隐藏层中不确定使用哪种激活函数,ReLU 通常是首选。ReLU 的优点在于,当输入为负值时,其导数为 0,这可以有效缓解梯度消失问题。尽管 Tanh 激活函数在某些情况下也可以使用,但 ReLU 的表现往往更好,特别是在处理深层网络时。

在实际应用中,Tanh 和 Sigmoid 激活函数在端值趋于饱和时,会导致训练速度减慢,因此在深层网络中,ReLU 通常作为默认激活函数。可以考虑在前几层使用 ReLU 激活函数,而在最后几层使用 Sigmoid 函数。

总体来说,除了处理二分类问题的输出层外,一般不会在其他层使用 Sigmoid 激活函数。Tanh 激活函数在各种场合中都具有很好的适用性,而 ReLU 是最常用的默认激活函数。如果遇到"死神经元"问题,可以尝试使用 Leaky ReLU 函数。

2.3.5　全连接层

全连接层在功能上类似于使用 1×1 大小的滤波器的卷积层。该层中的每个神经元都与前一层的所有神经元密集连接。在典型的卷积神经网络中,全连接层通常被放置在网络架构的末端。然而,文献[42]也介绍了一些经典的架构,其中全连接层被应用于 CNN 的中间部分。这一操作可以表示为简单的矩阵乘法,随后加上偏置项向量,并执行逐元素的非线性激活函数 $f(\cdot)$。

$$y = f(w^{\mathrm{T}}x + b) \tag{2-35}$$

其中,x 和 y 分别是输入向量和输出激活向量;w 表示层间各单元之间连接的权重的矩阵;b 表示偏置项向量。

全连接层有什么作用? 通过特征提取来实现分类。例如,图 2-10 展示了一个实际任务:区分一张图片是否包含猫。在假设已经完成了神经网络模型的训练之后,此时全连接层将经过优化,以便精确适应特定的分类任务。

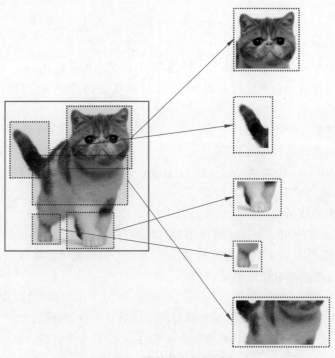

图 2-10　猫的特征提取过程

一旦获取了上述特征,就可以对物体进行分类,例如判断其是否为猫。这是因为全连接层的主要作用是实现最终的分类决策。那么,这些特征是如何提取的呢?它们来源于前面的卷积层和下采样层,通过这些层逐步抽取和整合图像中的细节信息。

◆ 2.4　卷积神经网络参数优化方法

在卷积神经网络中,参数优化是至关重要的步骤。参数优化的核心目标是通过调整模型的权重和偏置,使得 CNN 能够更好地拟合训练数据,同时在未见过的数据上具备优异的泛化能力。以下是卷积神经网络中进行参数优化的主要原因。

提升模型性能:参数优化有助于模型更好地捕捉训练数据的特征与模式。通过对权重和偏置的精确调整,模型能够更准确地预测目标变量,从而有效降低误差。

学习特征表示:卷积神经网络的本质在于通过卷积、池化等操作自动学习数据的特征表示。参数优化可以增强网络对这些特征的学习能力,使其能够提取更有用的信息。优化后的参数能够更好地捕捉输入数据中的高层次特征,从而显著提升模型性能。

增强泛化能力:参数优化的另一个重要目标是确保模型在训练数据之外的新数据上表现良好,即具备良好的泛化能力。通过正则化等技术手段,参数优化可以有效防止模型过拟合,即在训练数据上表现优异但在测试数据上表现不佳的情况。合理的参数优化策略能够使卷积神经网络更好地适应未见过的数据,进而提高模型的泛化能力。

提高训练效率:在卷积神经网络的训练中,参数优化不仅能够提高模型的性能,还能显著提升训练效率。通过应用梯度下降等优化算法,网络参数在训练过程中得以逐步迭代更新,从而加快模型的收敛速度并降低计算资源的消耗。

综上所述,参数优化是卷积神经网络训练中不可或缺的环节。通过不断优化网络参数,模型能够更好地适应特定任务,并在实际应用中表现得更加出色。接下来介绍几种常见的参数优化方法。

梯度下降法:梯度下降法是一种一阶优化算法,通常也称为最陡下降法。使用梯度下降法寻找函数的局部极小值时,需要沿着函数在当前点的梯度(或近似梯度)的反方向,以预定的步长进行迭代搜索。相反,如果沿着梯度的正方向迭代搜索,则会接近函数的局部极大值,这一过程被称为梯度上升法,而反向的过程则称为梯度下降法。原理上,目标函数相对于参数的梯度指示了目标函数增长最快的方向。在最小化优化问题中,只需沿着梯度的反方向,根据预定步长迭代更新参数,即可使目标函数逐步下降。

可以将梯度下降法形象地理解为在山坡上寻找最快的下山路径。当你站在山上时,最快的下山方法是观察四周,选择最陡峭的方向前进。通过重复执行这一策略,经过多次迭代,你最终会到达山坡的最低点。

图 2-11 展示了这一过程的纵切面示意图:假设这是山的剖面图,通过每次沿最陡峭方向前进一小步,最终经过多次迭代便可以到达山底。

学习率:学习率与损失函数值的关系如表 2-1 所示,可以观察到以下几点。

(1) 当学习率设置为 0.005 和 0.1 时,模型的损失函数值达到了最小值,为 0.206。

(2) 使用 Exponential Decay 方法调整学习率时,模型的损失函数值同样为 0.206,与

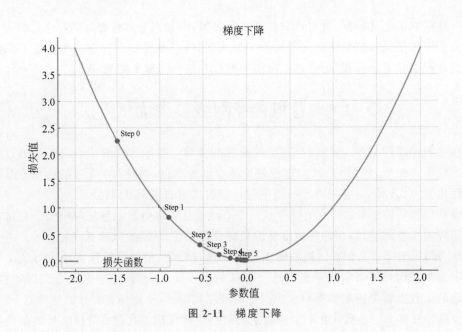

图 2-11   梯度下降

上述两种学习率设定的结果一致。

Exponential Decay 方法逐渐减少学习率的原因如下。

（1）如果学习率过大，模型可能会在优化过程中跳过最小值，导致损失函数无法收敛到全局最小值。

（2）如果学习率过小，损失函数的收敛速度会变得过于缓慢，使得训练时间显著增加。

表 2-1   学习率与损失函数值的关系

学习率	0.001	0.005	0.01	0.05	0.1
损失函数值	0.256	0.206	0.22	0.22	0.206

tf.train.exponential_decay 函数实现了指数衰减的学习率调整机制。使用该函数，初期较大的学习率可以帮助模型快速找到一个较优的解，之后随着迭代的进行，学习率逐渐减小，从而使得模型在训练的后期更加稳定：

$$\text{Delayed\_learning\_rate} = \text{learning\_rate} \times \text{decay\_rate}^{(\text{global\_step}/\text{decay\_steps})} \tag{2-36}$$

在 staircase=False 的情况下，学习率按照连续的衰减函数变化，不同的训练数据会有不同的学习率；当学习率减小时，对应的训练数据对模型训练结果的影响也就减小；当 staircase=True 时，global_step/decay_steps 会被转换为整数，从而使学习率变为一个阶梯函数。decay_steps 通常表示完成一次完整训练数据迭代所需的步数，即总训练样本数除以每个批次的样本数。每完成一次完整的训练数据迭代，学习率就减少一次，这确保了训练数据中的所有样本对模型训练结果的影响相对均匀。

Dropout 正则化[43]：在训练一个深度神经网络时，丢弃法（Dropout）通过随机丢弃一部分神经元（以及它们对应的连接边，见图 2-12）来避免过拟合。训练过程中，每次迭代时都会随机选择需要丢弃的神经元,这些被选中的隐藏层神经元将被禁用,不再参与信号传递。

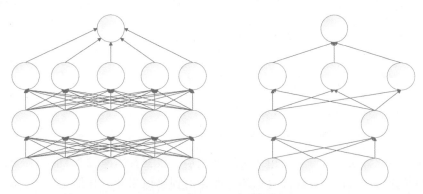

图 2-12　Dropout 方法示例

Dropout 可以随机失活神经网络中的神经单元,这种方法在正则化方面的作用主要体现在以下几方面。直观上,Dropout 的有效性源于它不依赖于任何单一特征,因为每次迭代时,某些神经单元的输入可能会被随机禁用。通过这种方式,Dropout 促使神经单元在学习过程中均衡地利用所有输入特征,从而对网络的权重产生正则化效果。具体而言,Dropout 通过随机丢弃神经单元,导致网络在训练时产生较小的权重平方范数,从而实现了权重的收缩,并有效防止了过拟合。

从神经元的角度来看,其任务是接收输入并生成有意义的输出。通过 Dropout,该神经元的输入可能会被随机失活,因此该神经元不能过度依赖任何特定输入特征。这种方法确保了神经元不会对某个特征过于依赖,因为这些特征可能会被随机清除。由于神经元不能完全依赖于单一的输入,它们将倾向于均衡地利用所有输入,从而避免了对特定特征的过度依赖。通过这种方式,Dropout 有效地促进了网络权重的正则化,降低了权重的平方范数,进而实现了权重的收缩和对过拟合的预防。

总体而言,Dropout 用于减轻模型的过拟合问题。在训练过程中,Dropout 方法随机地禁用一部分神经元,即将它们的输出值设置为零,从而迫使网络在训练期间学习到更加鲁棒和泛化的特征表示。

参数初始化:参数初始化是卷积神经网络优化中的关键步骤。选择合适的参数初始化方法不仅可以加速模型的收敛速度,还能显著改善模型的性能。常见的参数初始化方法包括随机初始化[44]、Xavier 初始化[45] 和 He 初始化[46] 等。

Xavier 初始化(也称为 Glorot 初始化)由 Xavier Glorot 等提出,旨在解决随机初始化所带来的问题。该方法的核心思想是使输入和输出的分布尽可能一致,以避免后续层的激活函数输出趋近于 0,从而提高训练效率。

He 初始化(也称为 Kaiming 初始化)是为了解决 Xavier 初始化在 ReLU 激活函数上表现不佳的问题而提出的。He 初始化是另一种常用的初始化方法,尤其在使用 ReLU 激活函数时表现出色。

不同初始化方法对应的参数如表 2-2 所示。

表 2-2　不同初始化方法对应的参数

初始化方法	激 活 函 数	均匀分布 $[-r,r]$	高斯分布 $N(0,\sigma^2)$
随机初始化	Logistic	$r=4\sqrt{\dfrac{6}{M_{l-1}+M_l}}$	$\sigma^2=16\times\dfrac{2}{M_{l-1}+M_l}$
Xavier 初始化	Tanh	$r=\sqrt{\dfrac{6}{M_{l-1}+M_l}}$	$\sigma^2=\dfrac{2}{M_{l-1}+M_l}$
He 初始化	ReLU	$r=\sqrt{\dfrac{6}{M_{l-1}}}$	$\sigma^2=\dfrac{2}{M_{l-1}}$

　　上述初始化方法可以单独使用或者结合使用。根据具体问题和数据集的特点,选择合适的初始化方法可以显著提高卷积神经网络的训练效果和泛化能力。此外,还有一些高级优化技术可用于加速训练和改善模型性能,例如批归一化和残差连接等,这些方法能够进一步优化网络的训练过程和模型表现。

◇ 2.5　卷积神经网络的优缺点及其应用场景

　　卷积神经网络作为一种深度学习模型,在图像处理和计算机视觉任务中取得了巨大成功。然而,CNN 也存在一些局限性。以下将详细分析 CNN 的优缺点,并探讨其主要应用场景。

　　CNN 的优点如下。

　　(1) 局部连接和权值共享:CNN 通过局部连接和权值共享的特性,能够高效处理图像等具有空间局部相关性的数据。这种设计不仅减少了模型的参数量和计算量,还能有效捕捉图像中的局部特征。

　　(2) 对平移不变性和对空间层次性的建模:CNN 具备平移不变性的特点,即无论物体在图像中的位置如何,网络都能识别出相同的特征。此外,CNN 通过多个卷积层和池化层的堆叠,能够逐渐捕捉图像中的抽象和高层次的语义信息,实现对空间层次性的建模。

　　(3) 自动特征提取:CNN 可以自动从原始数据中学习到具有较好判别能力的特征表示,而无须人工设计特征。通过反向传播算法,CNN 能够通过优化损失函数,不断调整网络参数,使得网络能够提取对任务有用的特征。

　　(4) 鲁棒性和泛化能力:在大规模数据集上训练的 CNN 模型具有较强的泛化能力,能够应对不同尺寸、姿态和光照变化的图像,从而表现出良好的鲁棒性。

　　(5) 并行计算:CNN 的卷积和池化操作可以进行并行计算,因此在 GPU 等并行计算平台上具有较高的计算效率。这使得 CNN 能够处理大规模的图像数据,提高训练和推断的速度。

　　CNN 的缺点如下。

　　(1) 数据需求量大:CNN 通常需要大量的标注数据进行训练,以获得良好的性能。这对于某些特定的应用场景和任务可能会面临数据收集和标注的困难。

（2）参数调整和优化难度较大：CNN 中的网络结构和参数较多,网络结构的调整和参数优化难度较大。合理的网络结构设计和参数调整需要一定的经验和实践。

（3）特征可解释性差：CNN 由于其复杂的模型结构和深度层次,学习到的特征表示通常具有高度抽象性。因此,CNN 在一些需要特征可解释性的场景中可能表现较差。

（4）对位置变换不具有显式建模能力：在处理小样本和类别不平衡问题时,CNN 可能会表现出敏感性,即当训练数据集较小或存在类别不平衡时,CNN 可能会受到过拟合或偏向较多样本类别的影响。在这些情况下,需要采取合适的数据增强、样本平衡和正则化等技术来缓解问题。

（5）计算资源要求高：由于 CNN 的深度和参数数量庞大,其训练和推断过程需要大量的计算资源。特别是在处理复杂任务和大规模数据集时,计算能力和存储空间的要求显著增加。

（6）对输入图像尺寸固定：传统的 CNN 模型对输入图像的尺寸有固定的要求,这可能导致对输入图像进行裁剪或缩放处理,可能会影响图像的完整性和信息损失。

（7）缺乏对长期依赖关系建模的能力：传统的 CNN 模型主要用于处理静态图像或局部特征提取,对于需要建模长期依赖关系的序列数据（如自然语言处理任务）可能存在局限性。

CNN 在计算机视觉和图像处理领域广泛应用,并在其他领域也取得了一定的成功。以下是一些常见的卷积神经网络应用场景。

（1）图像分类：CNN 在图像分类任务中取得了重大突破。通过对大规模图像数据进行训练,CNN 可以学习到具有较好判别能力的特征表示,从而实现准确的图像分类。

（2）目标检测：CNN 在目标检测领域具有重要的应用。通过在 CNN 基础上添加额外的检测层,可以实现对图像中多个目标的定位和识别,例如物体检测、人脸检测等。

（3）语义分割：CNN 在语义分割任务中能够对图像的每个像素进行分类,从而实现像素级别的图像分割。这在医学影像分析、自动驾驶和图像编辑等领域有广泛应用。

（4）人脸识别：CNN 可以用于人脸识别任务,通过学习人脸的特征表示来实现人脸图像的识别和验证。这在安全系统、社交媒体和人脸表情分析等领域有应用。

（5）图像生成：基于 CNN 的生成模型,如生成对抗网络和变分自编码器,在图像生成任务中表现出色。这些模型被广泛应用于图像合成、图像修复等领域,能够生成逼真的新图像或修复受损图像。

（6）视频分析：CNN 也在视频分析领域得到广泛应用,包括动作识别、视频目标跟踪、视频标注等任务。通过结合时间和空间特征的时空卷积结构,CNN 能够对视频序列进行建模和分析,从而有效捕捉和理解视频中的动态信息。

（7）自然语言处理：虽然 CNN 主要用于图像领域,但在自然语言处理任务中也有重要应用。例如,文本可以通过特定的预处理转换为图像形式,然后使用 CNN 进行文本分类、情感分析和文本生成等任务。CNN 在处理短文本或句子级别的任务中表现尤其突出。

（8）医学影像分析：CNN 在医学影像分析中的应用范围非常广泛,包括疾病诊断、病灶检测、医学图像分割和影像重建等任务。这些技术有助于医生更准确、快速地进行诊断,提高临床决策的质量和效率。

以上是卷积神经网络的部分应用场景,实际上,CNN 在许多其他领域也有广泛的应用,如自动驾驶[28]、语音识别[29]、图像压缩[30]等。随着深度学习的发展,CNN 的应用将会进一步扩展和拓展。

◇ 2.6 例 题

例题 2-1

使用 PyTorch 实现一个简单的卷积计算过程。给定输入张量和卷积核,计算卷积操作后的输出张量。请使用手动计算的方式,不要使用 PyTorch 内置的卷积函数。

解答:

(1) 导入所需的包和模块。

```
1.  import torch
2.  import torch.nn.functional as F
```

(2) 创建输入张量和卷积核。在这一步中,首先创建一个 3×3 的输入张量 input_tensor 和一个 2×2 的卷积核 conv_kernel。

```
1.  input_tensor = torch.tensor([[1, 2, 3],
2.                               [4, 5, 6],
3.                               [7, 8, 9]], dtype=torch.float32)
4.  #这里假设输入张量是单通道的,卷积核是 2x2 的
5.  conv_kernel = torch.tensor([[0.1, 0.2],
6.                              [0.3, 0.4]], dtype=torch.float32)
```

(3) 手动计算卷积操作的输出张量。创建一个 2×2 的全零张量 output_manual 用于存储手动计算的卷积结果。使用嵌套循环遍历输入张量的每个 2×2 区域,并与卷积核进行逐元素相乘,然后将结果求和,将得到的值放入 output_manual 中。

```
1.  output_manual = torch.zeros((2, 2), dtype=torch.float32)
2.  for i in range(2):
3.      for j in range(2):
4.          output_manual[i, j] = torch.sum(input_tensor[i:i+2, j:j+2] * conv_
kernel)
```

(4) 使用 PyTorch 实现相同的卷积操作。将输入张量和卷积核分别改变形状,添加 batch 和 channel 维度,使其符合 PyTorch 的卷积操作要求。使用 F.conv2d 函数进行卷积操作,设置 stride 为 1,padding 为 0。

```
1.  input_tensor = input_tensor.view(1, 1, 3, 3)    #添加 batch 和 channel 维度
2.  conv_kernel = conv_kernel.view(1, 1, 2, 2)      #添加 batch 和 channel 维度
3.  output_torch = F.conv2d(input_tensor, conv_kernel, stride=1, padding=0)
```

（5）对比手动计算的结果和 PyTorch 的结果，确保一致。打印手动计算和 PyTorch
计算的结果，去除多余的维度。使用 torch.allclose 函数验证结果是否一致，设置允许的
误差为 1e-5。

```
1.  print("手动计算的结果:")
2.  print(output_manual)
3.  print("\nPyTorch 计算的结果:")
4.  print(output_torch.squeeze())                    #去除多余的维度
5.  #验证结果是否一致
6.  assert torch.allclose(output_manual, output_torch.squeeze(), atol=1e-5)
```

运行结果如下。

```
1.  #手动计算的结果:
2.  tensor([[3.7000, 4.7000],
3.          [6.7000, 7.7000]])
4.  #PyTorch 计算的结果:
5.  tensor([[3.7000, 4.7000],
6.          [6.7000, 7.7000]])
```

例题 2-2

给定一个卷积神经网络结构，计算指定层的感受野大小。网络包括卷积层和池化层，
每一层都可能有不同的卷积核大小和步长。请计算在指定层的感受野大小。

解答：

（1）导入所需的包和模块。

```
1.  import torch
2.  import torch.nn as nn
3.  import torch.nn.functional as F
```

（2）定义卷积神经网络结构，包括卷积层和池化层。定义一个卷积神经网络模型类，
继承自 nn.Module。该模型包括两个卷积层（self.conv1 和 self.conv2）和对应的池化层
（self.pool1 和 self.pool2）。

```
1.  class CNN(nn.Module):
2.    def __init__(self):
3.        super(CNN, self).__init__()
4.        self.conv1 = nn.Conv2d(in_channels=1, out_channels=16, kernel_size=3, stride=1, padding=1)
5.        self.pool1 = nn.MaxPool2d(kernel_size=2, stride=2)
6.        self.conv2 = nn.Conv2d(in_channels=16, out_channels=32, kernel_size=3, stride=1, padding=1)
7.        self.pool2 = nn.MaxPool2d(kernel_size=2, stride=2)
8.    def forward(self, x):
9.        x = self.pool1(F.relu(self.conv1(x)))
```

```
10.        x = self.pool2(F.relu(self.conv2(x)))
11.        return x
```

（3）计算指定层的感受野大小。创建一个函数 calculate_receptive_field,用于计算指定层的感受野大小。通过遍历模型的卷积层和池化层,计算感受野的变化。选择目标层为第二个卷积层(cnn_model.conv2),计算并输出在目标层的感受野大小。

```
1.  def calculate_receptive_field(model, target_layer):
2.      receptive_field = 1                        #初始感受野大小
3.      stride = 1                                 #初始步长
4.      for layer in model.children():
5.          if isinstance(layer, nn.Conv2d):
6.              kernel_size = layer.kernel_size[0]
7.              receptive_field += (kernel_size - 1) * stride
8.              stride *= layer.stride[0]
9.          elif isinstance(layer, nn.MaxPool2d):
10.             kernel_size = layer.kernel_size
11.             receptive_field += (kernel_size - 1) * stride
12.             stride *= layer.stride
13.         if layer == target_layer:
14.             break
15.     return receptive_field
16. #创建 CNN 模型实例
17. cnn_model = CNN()
18. #选择目标层(这里选择第二个卷积层)
19. target_layer = cnn_model.conv2
20. #计算感受野大小
21. receptive_field_size = calculate_receptive_field(cnn_model, target_layer)
22. print(f"在 {target_layer} 层的感受野大小: {receptive_field_size}")
```

运行结果如下:

```
1.  在 Conv2d(16, 32, kernel_size=(3, 3), stride=(1, 1), padding=(1, 1)) 层的感受野大小为: 8
```

例题 2-3

使用 PyTorch 实现一个简单的批归一化操作,并应用于一个具有多个全连接层的神经网络。在训练过程中,比较应用批归一化和未应用批归一化时的性能。

解答:

（1）导入所需的包和模块。

```
1.  import torch
2.  import torch.nn as nn
3.  import torch.optim as optim
4.  import torchvision.transforms as transforms
```

```
5.  import torchvision.datasets as datasets
6.  from torch.utils.data import DataLoader
7.  import torch.nn.functional as F
```

（2）创建一个简单的神经网络模型。定义一个名为 SimpleNN 的神经网络类，继承自 nn.Module。该模型中包含两个卷积层（conv1 和 conv2）、一个最大池化层（pool）、两个全连接层（fc1 和 fc2）。

```
1.  class SimpleNN(nn.Module):
2.      def __init__(self):
3.          super(SimpleNN, self).__init__()
4.          self.conv1 = nn.Conv2d(1, 32, kernel_size=3, stride=1, padding=1)
5.          self.conv2 = nn.Conv2d(32, 64, kernel_size=3, stride=1, padding=1)
6.          self.pool = nn.MaxPool2d(kernel_size=2, stride=2)
7.          self.fc1 = nn.Linear(64 * 7 * 7, 128)
8.          self.fc2 = nn.Linear(128, 10)
9.      def forward(self, x):
10.         x = self.pool(F.relu(self.conv1(x)))
11.         x = self.pool(F.relu(self.conv2(x)))
12.         x = x.view(-1, 64 * 7 * 7)
13.         x = F.relu(self.fc1(x))
14.         x = self.fc2(x)
15.         return x
```

（3）创建一个包含批归一化的新模型。定义一个名为 BNNet 的神经网络类，继承自 nn.Module。在该模型中添加批归一化层（bn1 和 bn2）。

```
1.  class BNNet(nn.Module):
2.      def __init__(self):
3.          super(BNNet, self).__init__()
4.          self.conv1 = nn.Conv2d(1, 32, kernel_size=3, stride=1, padding=1)
5.          self.bn1 = nn.BatchNorm2d(32)      #批归一化
6.          self.pool = nn.MaxPool2d(kernel_size=2, stride=2)
7.          self.conv2 = nn.Conv2d(32, 64, kernel_size=3, stride=1, padding=1)
8.          self.bn2 = nn.BatchNorm2d(64)      #批归一化
9.          self.fc1 = nn.Linear(64 * 7 * 7, 128)
10.         self.fc2 = nn.Linear(128, 10)
11.     def forward(self, x):
12.         x = self.pool(F.relu(self.bn1(self.conv1(x))))
13.         x = self.pool(F.relu(self.bn2(self.conv2(x))))
14.         x = x.view(-1, 64 * 7 * 7)
15.         x = F.relu(self.fc1(x))
16.         x = self.fc2(x)
17.         return x
```

（4）使用 MNIST 数据集和随机生成的标签进行训练。定义数据预处理的 transform，下载并加载 MNIST 训练集和测试集，创建对应的 DataLoader。检查 GPU 是否可用,然后定义训练函数 train,用于训练模型。

```
1.  transform = transforms. Compose ([transforms. ToTensor ( ), transforms.
    Normalize((0.5,), (0.5,))])
2.  mnist_train = datasets.MNIST(root='./data', train=True, download=True,
    transform=transform)
3.  mnist_test = datasets.MNIST(root='./data', train=False, download=True,
    transform=transform)
4.  train_loader = DataLoader(mnist_train, batch_size=32, shuffle=True)
5.  test_loader = DataLoader(mnist_test, batch_size=32, shuffle=False)
6.  #使用 GPU 加速(如果可用)
7.  device = torch.device("cuda:0" if torch.cuda.is_available() else "cpu")
8.  def train(model, train_loader, optimizer, criterion, epochs=10):
9.      model.train()
10.     for epoch in range(epochs):
11.         for inputs, targets in train_loader:
12.             optimizer.zero_grad()
13.             outputs = model(inputs.to(device))
14.             loss = criterion(outputs, targets.to(device))
15.             loss.backward()
16.             optimizer.step()
```

(5) 比较两个模型在测试数据上的性能。定义测试函数 test,选择交叉熵损失函数和 Adam 优化器,分别训练两个模型,并对两个模型进行测试,并输出测试准确率。

```
1.  def test(model, test_loader):
2.      model.eval()
3.      correct = 0
4.      total = 0
5.      with torch.no_grad():
6.          for inputs, targets in test_loader:
7.              outputs = model(inputs.to(device))
8.              _, predicted = torch.max(outputs, 1)
9.              total += targets.size(0)
10.             correct += (predicted == targets.to(device)).sum().item()
11.     accuracy = correct / total
12.     return accuracy
13. #创建模型实例
14. without_bn = SimpleNN().to(device)
15. with_bn = BNNet().to(device)
16. #选择适当的损失函数和优化器
17. criterion = nn.CrossEntropyLoss()
18. optimizer_without_bn = optim.Adam(without_bn .parameters(), lr=0.001)
19. optimizer_with_bn = optim.Adam(with_bn.parameters(), lr=0.001)
20. #分别训练两个模型
21. train(without_bn, train_loader, optimizer_without_bn, criterion)
22. train(with_bn, train_loader, optimizer_with_bn, criterion)
23. #分别测试两个模型
```

```
24. accuracy_without_bn = test(without_bn, test_loader)
25. accuracy_with_bn = test(with_bn, test_loader)
26. print(f"Without Batch Normalization - Test Accuracy: {accuracy_without_
    bn:.2%}")
27. print (f" With Batch Normalization - Test Accuracy: {accuracy _ with _
    bn:.2%}")
```

运行结果如下。

```
1.  Without Batch Normalization - Test Accuracy: 99.01%
2.  With Batch Normalization - Test Accuracy: 99.10%
```

为什么使用 BN 比不使用 BN 效果好呢?

(1) 减少内部协变量转移。在训练深度神经网络时,每一层的输入分布可能随着训练过程的进行而发生变化,这称为内部协变量转移。BN 通过标准化每个小批次的输入,确保每层的输入保持一致的分布,有助于模型更快地收敛。

(2) 更大的学习率。BN 可以减轻梯度消失/爆炸的问题,使得更大的学习率成为可能。这通常导致更快的收敛速度。

(3) 正则化效果。BN 在一定程度上充当了正则化的作用,有助于减少过拟合。通过对每个小批次的输入进行标准化,BN 使网络对噪声更加鲁棒。

(4) 允许更深的网络。BN 允许训练更深的神经网络而不会出现梯度消失的问题。通过保持每层输入的标准差和均值在一个稳定范围内,BN 使得梯度在反向传播中更容易传递。

例题 2-4

使用 PyTorch 实现层归一化操作,并应用于一个简单的神经网络。在训练过程中,比较应用层归一化和未应用层归一化时的性能。

解答:

(1) 导入所需的包和模块。

```
1.  import torch
2.  import torch.nn as nn
3.  import torch.optim as optim
4.  import torchvision.transforms as transforms
5.  import torchvision.datasets as datasets
6.  from torch.utils.data import DataLoader
7.  import torch.nn.functional as F
```

(2) 创建一个简单的神经网络模型。定义一个名为 SimpleNN 的神经网络类,继承自 nn.Module。在该模型中包含两个卷积层、一个最大池化层、两个全连接层。

```
1.  class SimpleNN(nn.Module):
2.      def __init__(self):
3.          super(SimpleNN, self).__init__()
```

```
4.          self.conv1 = nn.Conv2d(1, 32, kernel_size=3, stride=1, padding=1)
5.          self.conv2 = nn.Conv2d(32, 64, kernel_size=3, stride=1, padding=
1)
6.          self.pool = nn.MaxPool2d(kernel_size=2, stride=2)
7.          self.fc1 = nn.Linear(64 * 7 * 7, 128)
8.          self.fc2 = nn.Linear(128, 10)
9.      def forward(self, x):
10.         x = self.pool(F.relu(self.conv1(x)))
11.         x = self.pool(F.relu(self.conv2(x)))
12.         x = x.view(-1, 64 * 7 * 7)
13.         x = F.relu(self.fc1(x))
14.         x = self.fc2(x)
15.         return x
```

（3）创建一个包含层归一化的新模型。定义一个名为 LNNet 的神经网络类，继承自 nn.Module。在该模型中添加层归一化。

```
1.  class LNNet(nn.Module):
2.      def __init__(self):
3.          super(LNNet, self).__init__()
4.          self.conv1 = nn.Conv2d(1, 32, kernel_size=3, stride=1, padding=1)
5.          self.ln1 = nn.LayerNorm((32, 28, 28)) #层归一化层
6.          self.pool = nn.MaxPool2d(kernel_size=2, stride=2)
7.          self.conv2 = nn.Conv2d(32, 64, kernel_size=3, stride=1, padding=1)
8.          self.ln2 = nn.LayerNorm((64, 14, 14)) #层归一化层
9.          self.fc1 = nn.Linear(64 * 7 * 7, 128)
10.         self.fc2 = nn.Linear(128, 10)
11.     def forward(self, x):
12.         x = self.pool(F.relu(self.ln1(self.conv1(x))))
13.         x = self.pool(F.relu(self.ln2(self.conv2(x))))
14.         x = x.view(-1, 64 * 7 * 7)
15.         x = F.relu(self.fc1(x))
16.         x = self.fc2(x)
17.         return x
```

（4）使用 MNIST 数据集和随机生成的标签进行训练，定义数据预处理的 transform，下载并加载 MNIST 训练集和测试集，创建对应的 DataLoader，检查 GPU 是否可用，然后定义训练函数 train，用于训练模型。

```
1.  transform = transforms.Compose([transforms.ToTensor(), transforms.
    Normalize((0.5,), (0.5,))])
2.  mnist_train = datasets.MNIST(root='./data', train=True, download=False,
    transform=transform)
3.  mnist_test = datasets.MNIST(root='./data', train=False, download=False,
    transform=transform)
4.  train_loader = DataLoader(mnist_train, batch_size=32, shuffle=True)
```

```
5.   test_loader = DataLoader(mnist_test, batch_size=32, shuffle=False)
6.   #使用 GPU 加速(如果可用)
7.   device = torch.device("cuda:0" if torch.cuda.is_available() else "cpu")
8.   def train(model, train_loader, optimizer, criterion, epochs=10):
9.       model.train()
10.      for epoch in range(epochs):
11.          for inputs, targets in train_loader:
12.              optimizer.zero_grad()
13.              outputs = model(inputs.to(device))
14.              loss = criterion(outputs, targets.to(device))
15.              loss.backward()
16.              optimizer.step()
```

（5）比较两个模型在测试数据上的性能。定义测试函数 test，用于评估模型在测试集上的性能。选择交叉熵损失函数和 Adam 优化器，分别训练两个模型，使用训练集进行优化。对两个模型进行测试，并输出测试准确率。

```
1.  #比较两个模型在测试数据上的性能
2.  def test(model, test_loader):
3.      model.eval()
4.      correct = 0
5.      total = 0
6.      with torch.no_grad():
7.          for inputs, targets in test_loader:
8.              outputs = model(inputs.to(device))
9.              _, predicted = torch.max(outputs, 1)
10.             total += targets.size(0)
11.             correct += (predicted == targets.to(device)).sum().item()
12.     accuracy = correct / total
13.     return accuracy
14. #创建模型实例
15. without_ln = SimpleNN().to(device)
16. with_ln = LNNet().to(device)
17. #选择适当的损失函数和优化器
18. criterion = nn.CrossEntropyLoss()
19. optimizer_without_ln = optim.Adam(without_ln.parameters(), lr=0.001)
20. optimizer_with_ln = optim.Adam(with_ln.parameters(), lr=0.001)
21. #分别训练两个模型
22. train(without_ln, train_loader, optimizer_without_ln, criterion)
23. train(with_ln, train_loader, optimizer_with_ln, criterion)
24. #分别测试两个模型
25. accuracy_without_ln = test(without_ln, test_loader)
26. accuracy_with_ln = test(with_ln, test_loader)
27. print(f"Without Layer Normalization - Test Accuracy: {accuracy_without_ln:.2%}")
28. print(f" With Layer Normalization - Test Accuracy: {accuracy_with_ln:.2%}")
```

运行结果如下。

```
1.  Without Layer Normalization - Test Accuracy: 98.92%
2.  With Layer Normalization - Test Accuracy: 99.03%
```

为什么使用 LN 比不使用 LN 效果好？

(1) 稳定性和收敛性。LN 有助于维持每个层的输入分布稳定,防止网络训练过程中出现梯度消失或梯度爆炸的问题。这有助于提高网络的收敛性,使得训练更加稳定。

(2) 更快的收敛速度。LN 能够减小训练过程中的内部协变量偏移,这是由于每一层输入分布的变化而导致的训练速度变慢的现象。通过减小这种变化,网络能够更快地收敛到更好的解。

(3) 降低对初始化的敏感性。LN 减少了对初始权重的依赖,使得在更广泛的初始化范围内都能够取得较好的效果,减轻了调参的难度。

(4) 正则化效果。LN 在一定程度上可以看作是一种正则化方法,有助于防止过拟合,提高模型的泛化能力。

(5) 增强网络表达能力。LN 允许网络更灵活地学习输入数据的分布,有助于提高网络的表达能力,特别是对于一些复杂的任务。

◆ 2.7　课后习题

1. 什么是卷积神经网络？它与传统的神经网络有什么不同之处？

2. 卷积层的作用是什么？它是如何对输入进行特征提取的？

3. 池化层有什么作用？常见的池化操作有哪些？

4. 卷积神经网络中的激活函数有哪些常见的选择？它们的作用是什么？

5. 什么是全连接层？全连接层在卷积神经网络中的作用是什么？

6. 如何计算卷积层的输出大小？给出一个示例。

7. 什么是步幅？步幅对卷积层的输出有什么影响？

8. 卷积神经网络中的批标准化是什么？它的目的是什么？

第
3
章

经典卷积神经网络

在过去十多年里,深度学习领域经历了飞速的发展,尤其是卷积神经网络的不断创新,涌生出诸如 AlexNet[30]、VGGNet[32]、GoogleNet[33]、ResNet[34] 和 DenseNet[47] 等一系列经典模型。这些模型在问世之初,均在图像分类任务中表现卓越,奠定了卷积神经网络发展的坚实基础。而后续的 GAN[14] 以及 Transformer[48] 网络则在结构上相比传统神经网络又做出了重大创新,为卷积神经网络开辟了两个新的发展方向。至今这两种模型的先进思想仍然被用于许多新的图像和视频处理神经网络上。为了更全面地理解卷积神经网络,本章介绍这些经典网络的基本结构并探讨相关细节。

◆ 3.1 AlexNet

3.1.1 AlexNet 的网络结构

2012 年,AlexNet 在 ImageNet 图像分类竞赛中一举夺冠,相较于上一年的冠军模型,AlexNet 将错误率降低了近 10 个百分点。AlexNet 不仅在网络结构上做出了重要创新,还提出了 Dropout 正则化方法和 ReLU 激活函数,这些突破为计算机视觉领域开启了一个新的篇章。

AlexNet 网络由多个卷积层、池化层和全连接层构成。具体而言,AlexNet 首先使用了 1 个 11×11 的卷积层,随后接入 2 个 3×3 的池化层。接下来,网络依次采用了 1 个 5×5 的卷积层和 3 个 3×3 的卷积层。需要注意的是,这 3 个 3×3 的卷积层每次输出的尺寸均保持不变。在特征图进入全连接层之前,需对其进行扁平化处理。最终,全连接层输出一个包含 N 个类别的向量,通过 Softmax 函数对各类别进行概率分类,依据最大概率值确定最终分类结果。其结构如图 3-1 所示。

从图 3-1 中可以看到,AlexNet 网络首先使用一张尺寸为 227×227×3 的图片作为输入。在 AlexNet 的原始论文中,输入图像的尺寸为 224×224×3,但 227×227 的尺寸在实际应用中效果更好。网络的第一层使用了 96 个 11×11 的卷积核,步幅为 4,因此输出的尺寸缩小到 55×55,大约缩小了 4 倍。接下来,网络使用 1 个 3×3 的过滤器构建最大池化层,步幅为 2,使得尺寸进一步缩小

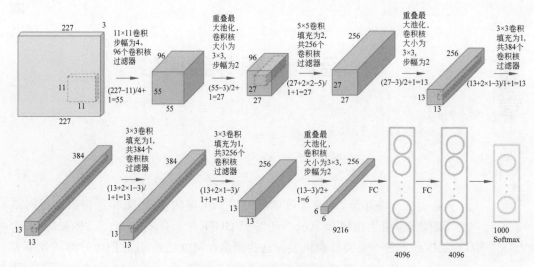

图 3-1 AlexNet 的网络结构

至 $27\times27\times96$。接着,网络执行了 1 个 5×5 的卷积操作,经过填充后,输出尺寸为 $27\times27\times256$。然后,再次进行最大池化,输出尺寸缩小至 13×13。接下来的两层继续使用相同的 3×3 卷积核和相同的填充策略,输出尺寸保持为 13×13,但滤波器数量增加至 384。再进行一次相同的卷积操作,最后通过一次最大池化操作,最终输出尺寸为 $6\times6\times256$。将 $6\times6\times256$ 的特征图展开为 9216 个单元,并依次通过全连接层进行处理。最后,网络使用 Softmax 函数输出分类结果,从 1000 个可能的对象中确定最终类别。

3.1.2 AlexNet 的改进

相比于此前的深度神经网络,AlexNet 引入了多项关键改进。例如,网络使用了 ReLU 作为激活函数。与 Sigmoid 和 Tanh 函数不同,ReLU 能够有效缓解在训练过程中因饱和区导致的梯度消失问题。同时,ReLU 通过使部分神经元失活,增加了网络的稀疏性,从而降低了过拟合的风险。此外,AlexNet 原文中提出的 Dropout 技术也是为了增加网络的稀疏性。由于 Dropout 在训练时随机失活部分神经元,每一轮训练的神经网络结构都会有所不同,这种随机性不仅增强了模型的泛化能力,还能避免部分神经元在训练过程中始终无法得到充分训练的问题,进而提高了模型的学习能力。

除了这些改进,AlexNet 还引入了局部响应归一化(Local Response Normalization,LRN)[30]技术,有效促进了模型的泛化能力。在实验中,LRN 显著提高了模型的准确率。LRN 的计算如式(3-1)所示:

$$d_{x,y}^{i} = c_{x,y}^{i} / \left(k + a \sum_{j=\max(0,\,i-n/2)}^{\min(N-1,\,i+n/2)} (c_{x,y}^{j})^2 \right)^{b} \tag{3-1}$$

其中,$d_{x,y}^{i}$ 为归一化后的输出,表示通道 i 上坐标 (x,y) 处的激活值;$c_{x,y}^{i}$ 为归一化前的输入,表示通道 i 上坐标 (x,y) 处的激活值。k、a、b 为常数超参数,k 起到平滑作用,防止分母为零;a 控制归一化的强度;b 控制归一化的指数。N 表示输入特征图的通道总数。n 表示局部归一化的窗口大小。另外,在 AlexNet 中的池化操作中,采用的步幅小于卷积核的大小。这种重叠的池化层设计在实验中被证明能够有效降低过拟合风险。

在训练中作者对 256×256 大小的 RGB 图像进行随机 224×224 的裁剪和水平翻转，同时也改变训练图片中 RGB 通道的强度。具体做法是，首先对图像的 3 个通道进行变形操作，将其转换为一个矩阵。该矩阵的列数等于通道数，行数为每个通道矩阵边长的平方。接着，使用主成分分析（Principal Component Analysis，PCA）[49] 对每个通道进行归一化处理，即减去每列的均值，然后乘以矩阵的转置，并除以每个通道矩阵维度的平方减 1，从而得到协方差矩阵。然后，分别计算协方差矩阵的特征值和特征向量。最终，对每个通道的所有像素加上一个值，该值由式（3-2）得到：

$$[P_1, P_2, P_3][a_1\lambda_1, a_2\lambda_2, a_3\lambda_3]^{\mathrm{T}} \tag{3-2}$$

其中，P_i 表示第 i 个主成分向量；λ_i 表示与第 i 个主成分 P_i 对应的特征值；a_i 是第 i 个 $N(0,0.1)$ 高斯分布中采样得到的随机值。这样计算就得到了 1 个（3×1）的向量，即加在每个像素的 RGB 3 个通道上的值。

◆ 3.2　VGGNet

3.2.1　VGGNet 的网络结构

VGGNet 是由牛津大学和谷歌公司于 2014 年提出的一种深度卷积神经网络。它在 AlexNet 的基础上进行了重要的改进，主要体现在两方面：使用 3×3 卷积核代替 AlexNet 中的大卷积核；其次，它采用池化核代替 AlexNet 的 3×3 池化核。VGGNet 有多种不同层次的网络结构，论文中提出了 6 种不同层次的网络结构，从 11 层～19 层不等。其中，VGG19 结构以及其他 VGGNet 的结构参数如表 3-1 所示。从表 3-1 中可以看出，4 种 VGGNet 都由 5 个 VGG 模块和 5 个最大池化层构成，每一个 VGG 模块都包含多个相同的卷积层。而每个最大池化层操作将前一层的输出特征缩减一半。VGG19 网络结构如图 3-2 所示。

表 3-1　VGG11～VGG19 的网络结构参数表

VGG11～VGG19 网络结构参数					
A	A-LRN	B	C	D	E
11 层	11 层	13 层	16 层	16 层	19 层
input (224 × 224 RGB image)					
conv3-64	conv3-64 **LRN**	conv3-64 **conv3-64**	conv3-64 conv3-64	conv3-64 conv3-64	conv3-64 conv3-64
最大池化层					
conv3-128	conv3-128	conv3-128 **conv3-128**	conv3-128 conv3-128	conv3-128 conv3-128	conv3-128 conv3-128
最大池化层					
conv3-256 conv3-256	conv3-256 conv3-256	conv3-256 conv3-256	conv3-256 conv3-256 **conv1-256**	conv3-256 conv3-256 **conv3-256**	conv3-256 conv3-256 conv3-256 **conv3-256**

续表

VGG11～VGG19 网络结构参数					
最大池化层					
conv3-512 conv3-512	conv3-512 conv3-512	conv3-512 conv3-512	conv3-512 conv3-512 **conv1-512**	conv3-512 conv3-512 **conv3-512**	conv3-512 conv3-512 conv3-512 **conv3-512**
最大池化层					
conv3-512 conv3-512	conv3-512 conv3-512	conv3-512 conv3-512	conv3-512 conv3-512 **conv1-512**	conv3-512 conv3-512 **conv3-512**	conv3-512 conv3-512 conv3-512 **conv3-512**
最大池化层					
FC-4096					
FC-4096					
FC-1000					
Softmax					

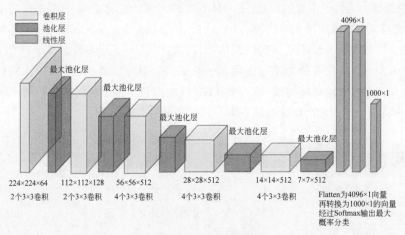

图 3-2　VGG19 网络结构

3.2.2　VGGNet 的特点

VGGNet 相比于 AlexNet 的最大特点是使用较小的卷积核(3×3)替代较大的卷积核。具体而言,2 个 3×3 卷积堆叠相当于 1 个 5×5 卷积,而 3 个 3×3 堆叠相当于 1 个 7×7 卷积,感受野大小不变。例如,如果步长为 1,填充为 0,那么 2 个 3×3 卷积后的图像尺寸为 $(((N-3)/1+1)-3)/1+1=((N-3+1)-3+1)=N-4=(N-5)/1+1$。且做卷积后得到的特征,都是从原图像上相同的像素点提取的(原图像每 5×5 的空域像素点对应一个新的特征),因此感受野大小不变。故 2 个 3×3 的卷积核等效于 5×5 的卷积核。感受野计算公式如式(3-3):

$$F(i) = (F(i+1) - 1) \times S + K \tag{3-3}$$

其中,K 代表卷积核大小;S 表示步幅。由于用多个小卷积替代大卷积,故使用了多个非线性激活函数,每个 VGGNet 在经过所有卷积池化后还有 3 个全连接层,在全连接层中间采用 Dropout 来防止过拟合。最后会通过 Softmax 输出各类概率。

VGGNet 主要通过对图像重新缩放并随机裁剪到 224×224 的尺寸,此外还会对图像进行随机水平翻转和随机 RGB 来进行数据增强。在训练时,需要注意对前 4 层卷积层和后 3 层进行初始化,而中间层则采用随机初始化。

然而,VGGNet 主要是通过增加卷积网络深度来提升性能,因此在不断增加 VGGNet 层数的过程中,可能会出现性能退化、内存占用增大,以及梯度消失或梯度爆炸等问题。

◆ 3.3 GoogLeNet

3.3.1 Inception 结构

GoogLeNet 与 VGGNet 均诞生于 2014 年。在同年的 ImageNet 比赛中,GoogLeNet 凭借更低的错误率获得了第一名,相较于 VGGNet 表现更加出色。与 AlexNet 相比,GoogLeNet 不仅参数更少,同时也提高了准确率。与 VGGNet 相比,GoogLeNet 不仅在深度上有所增加,还特别注重了网络宽度的影响,同时显著降低了参数量。GoogLeNet 的核心创新在于引入了 Inception 结构,通过使用不同大小的卷积核进行降维,从而提高计算效率[43]。此外,GoogLeNet 还引入了两个辅助分类器来辅助训练,去除了中间的全连接层,采用了平均池化层,并减少了 Dropout 的数量。GoogLeNet 在后续的研究中经历了多次改进,先后推出了多个版本,主要区别在于 Inception 结构的演进,分别为 V1、V2、V3、V4 以及结合 ResNet 的版本。

Inception 结构通过使用 3 个不同大小的卷积核进行扫描和卷积运算,同时结合一个最大池化操作。最终,这 4 部分的输出按通道拼接,然后传递至下一层。具体来说,第 1 个分支为 1×1 的卷积层,步幅为 1;第 2 个分支为 3×3 的卷积层,步幅为 1,并设置填充为 1;第 3 个分支为 5×5 的卷积层,步幅为 1,填充设置为 2;第 4 个分支为 3×3 的最大池化层,步幅为 1,填充为 1。读者可以根据需要对这些参数进行调整,但所有分支的输出特征矩阵尺寸需与输入特征矩阵尺寸相等。为了避免直接使用 Inception 结构时计算量过大,通常会在 3 个卷积层前加入 1 个 1×1 的卷积层进行降维,并在池化层之后再加入 1 个 1×1 的卷积层。Inception 结构如图 3-3 所示,而 GoogLeNet 整体由多个 Inception 模块构成,其详细结构如表 3-2 所示。

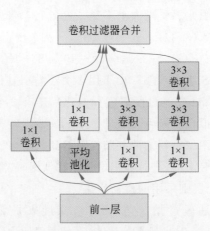

图 3-3　Inception 结构

表 3-2　GoogLeNet 各层通道及尺寸

网络层	卷积核大小/步幅	输出尺寸	depth	♯1×1	♯3×3 reduce	♯3×3	♯5×5 reduce	♯5×5	pool proj	参数量	flops
convolution	7×7/2	112×112×64	1							2.7K	34M
max pool	3×3/2	56×56×64	0								
convolution	3×3/1	56×56×192	2		64	192				112K	360M
max pool	3×3/2	28×28×192	0								
inception (3a)		28×28×256	2	64	96	128	16	32	32	159K	28M
inception (3b)		28×28×480	2	128	128	192	32	96	64	380K	304M
max pool	3×3/2	14×14×480	0								
inception (4a)		14×14×512	2	192	96	208	16	48	64	364K	73M
inception (4b)		14×14×512	2	160	112	224	24	64	64	437K	88M
inception (4c)		14×14×512	2	128	128	256	24	64	64	463K	100M
inception (4d)		14×14×528	2	112	144	288	32	64	64	580K	119M
inception (4e)		14×14×832	2	256	160	320	32	128	128	840K	170M
max pool	3×3/2	7×7×832	0								
inception (5a)		7×7×832	2	256	160	320	32	128	128	1072K	54M
inception (5b)		7×7×1024	2	384	192	384	48	128	128	1388K	71M
avg pool	7×7/1	1×1×1024	0								
dropout (40%)		1×1×1024	0								
linear		1×1×1000	1							1000K	1M
Softmax		1×1×1000	0								

可以看到,每个 Inception 模块的深度均为 2,即各卷积操作重复两次。可以通过一个简单的比较来理解其效果:假设没有使用 1×1 卷积进行降维处理,最终输出的特征图维度将为 64+128+32+192＝416 层;而加入 1×1 卷积后,特征图的维度则为 64+128+32+32＝256 层。由此可以看出,经过 1×1 卷积处理后,特征图的维度显著减少。感兴趣的读者还可以进一步计算卷积操作的计算次数。加入 1×1 卷积后,计算量几乎减少为原来的十分之一。这种 Inception 结构的设计不仅降低了计算量,还提升了网络的效率和性能。

3.3.2　辅助分类器

为了缓解深层网络训练中的梯度消失问题,可以在 Inception(4a) 和 Inception(4d) 处分别添加一个辅助分类器。这个辅助分类器通过池化、卷积和全连接层进行处理,最后执行 Softmax 操作以计算分类概率。在训练过程中,辅助分类器的损失函数会被加权后合并到总损失函数中。研究发现,辅助分类器在训练早期并没有显著提升收敛速度:在模型尚未达到高精度时,两种网络的训练进度几乎相同;然而,接近训练结束时,带有辅助分支的网络开始表现出更高且更稳定的准确性。因此,辅助分类器的主要作用是作为正则化手段,有助于防止过拟合。

◆ 3.4　残　差　网　络

在神经网络的设计中,随着层数的加深,模型性能可能会下降。例如,在实验中,VGGNet 在达到 19 层时,进一步增加层数反而导致性能下降。过度增加层数会引发梯度爆炸和梯度消失的问题,最终导致网络性能饱和甚至退化,进而导致过拟合并降低泛化能力[50]。为了应对深层网络中的退化问题,研究者提出了一种新方法,即人为地让神经网络的某些层跳过下一层神经元的连接,直接与更深层的神经元相连。这种弱化层间强联系的结构被称为 ResNet。

ResNet 的核心创新之一是引入了跳跃连接,形成残差结构。直观上,这意味着将多个卷积网络基本单元的输入与输出相加,以产生新的输出。常见的残差结构有两种类型:一种是由 2 个 3×3 卷积层组成的双层 BasicBlock;另一种是由 3×3 卷积层和 1×1 卷积层组成的 3 层 BottleNeck。在这两种结构中,ReLU 激活函数用于连接每一层的前后网络。它们的结构如图 3-4 所示。

事实上,BottleNeck 是对 BasicBlock 的一种改进,以减少参数数量。BottleNeck 结构中的前后 1×1 卷积主要用于先降低维度,然后再恢复到原始输入数据的维度。通过计算可以得出,BottleNeck 的参数数量为 1×1×256×64+3×3×64×64+1×1×256×64＝69632,而 BasicBlock 的参数数量则为 256×256×3×3×2＝1179648。显然,BasicBlock 的参数数量远远超过了 BottleNeck。因此,在更深层的网络中,BottleNeck 的结构更为适用,例如 ResNet50。而 BasicBlock 则更适合应用于 ResNet18 等层数相对较少的残差网络中。

带有残差结构的网络与传统网络的本质区别在于,前者拟合的是残差,而后者则是直

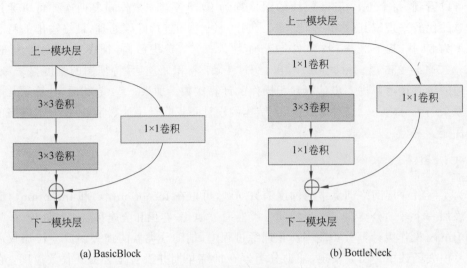

(a) BasicBlock   (b) BottleNeck

图 3-4 残差结构示例

接拟合目标值。残差相对更容易学习,当上层网络接近最优值时,带有 Shortcut 连接的 ResNet 网络相比没有 Shortcut 连接的网络更容易进行调整[51]。同时,当误差已经非常小时,残差网络能够放大误差,这不仅增大了优化空间,还有效避免了优化过程趋于饱和,从而解决了梯度消失问题[47]。可以通过残差网络的前向传播公式(3-4)对这一现象进行更深入的分析:

$$F(\boldsymbol{x}) = f_1(\delta(f_2(\boldsymbol{x}))) + \boldsymbol{W}\boldsymbol{x} \tag{3-4}$$

其中,f_1 表示第一层卷积;f_2 表示第二层;δ 表示激活函数;$\boldsymbol{W}$ 为线性变化矩阵。假设目标值为 10.01,而在某轮训练后,非残差网络的输出值为 10.02,此时的变化幅度非常小,几乎可以忽略不计。然而,对于残差网络,由于输出由两部分构成,即输入直接连接和残差部分,假设输入部分为 10,那么此时 $F(\boldsymbol{x})$ 需从 0.02 调整到 0.01,这意味着残差部分的变化率达到了 100%,仍有非常大的优化空间,远未达到饱和状态。某种程度上,ResNet 通过放大相对误差,使得优化过程不易陷入饱和状态,从而有效避免了因网络层数过多导致的过拟合问题。在理想情况下,当输入部分已与目标值相符时,网络可以直接令 $F(\boldsymbol{x})$ 为 0,相当于跳过了中间的网络层,从而节省了计算时间和资源。而在非残差网络中,即便输出已与目标值相等,仍需继续将其输入下一层进行训练,这往往会打破原先的最优状态,不仅可能引发过拟合,还会浪费计算时间和资源。

    ResNet 完整结构主要由多个 BasicBlock 或 BottleNeck 模块构成,基于 BasicBlock 的 ResNet 如图 3-5 所示。可以从图中发现在不同 BasicBlock 之间的 shortcut 为虚线,这是因为在不同 BasicBlock 之间特征矩阵尺寸大小会减小一半,由于 $\boldsymbol{x}$ 与 $F(\boldsymbol{x})$ 需要具有相同的维度,因此 $\boldsymbol{x}$ 需要通过 1×1 卷积层进行降维。其他 ResNet 的网络结构参数如表 3-3 所示。

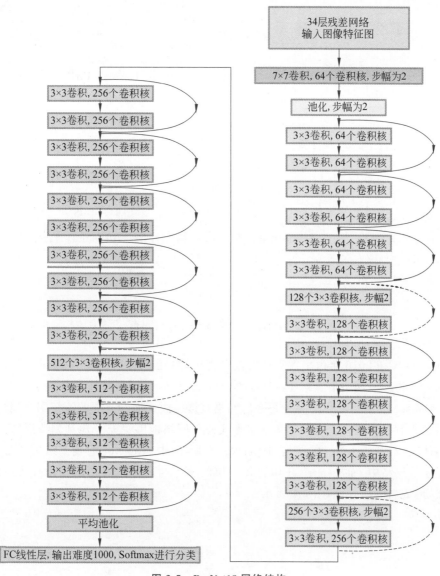

图 3-5 ResNet18 网络结构

表 3-3 其他 ResNet 的网络结构参数

网络层	输出大小	18 层	34 层	50 层	101 层	152 层
conv1	112×112	64 个 7×7 卷积核, 步幅为 2				
conv2_x	56×56	3×3 最大池化, 步幅为 2				
		$\begin{bmatrix} 3\times 3, 64 \\ 3\times 3, 64 \end{bmatrix} \times 3$	$\begin{bmatrix} 3\times 3, 64 \\ 3\times 3, 64 \end{bmatrix} \times 3$	$\begin{bmatrix} 1\times 1, 64 \\ 3\times 3, 64 \\ 1\times 1, 256 \end{bmatrix} \times 3$	$\begin{bmatrix} 1\times 1, 64 \\ 3\times 3, 64 \\ 1\times 1, 256 \end{bmatrix} \times 3$	$\begin{bmatrix} 1\times 1, 64 \\ 3\times 3, 64 \\ 1\times 1, 256 \end{bmatrix} \times 3$

续表

网络层	输出大小	18 层	34 层	50 层	101 层	152 层
conv3_x	28×28	$\begin{bmatrix} 3\times3,128 \\ 3\times3,128 \end{bmatrix}\times2$	$\begin{bmatrix} 3\times3,128 \\ 3\times3,128 \end{bmatrix}\times4$	$\begin{bmatrix} 1\times1,128 \\ 3\times3,128 \\ 1\times1,512 \end{bmatrix}\times4$	$\begin{bmatrix} 1\times1,128 \\ 3\times3,128 \\ 1\times1,512 \end{bmatrix}\times4$	$\begin{bmatrix} 1\times1,128 \\ 3\times3,128 \\ 1\times1,512 \end{bmatrix}\times8$
conv4_x	14×14	$\begin{bmatrix} 3\times3,256 \\ 3\times3,256 \end{bmatrix}\times2$	$\begin{bmatrix} 3\times3,256 \\ 3\times3,256 \end{bmatrix}\times6$	$\begin{bmatrix} 1\times1,256 \\ 3\times3,256 \\ 1\times1,1024 \end{bmatrix}\times6$	$\begin{bmatrix} 1\times1,256 \\ 3\times3,256 \\ 1\times1,1024 \end{bmatrix}\times23$	$\begin{bmatrix} 1\times1,256 \\ 3\times3,256 \\ 1\times1,1024 \end{bmatrix}\times36$
conv5_x	7×7	$\begin{bmatrix} 3\times3,512 \\ 3\times3,512 \end{bmatrix}\times2$	$\begin{bmatrix} 3\times3,512 \\ 3\times3,512 \end{bmatrix}\times3$	$\begin{bmatrix} 1\times1,512 \\ 3\times3,512 \\ 1\times1,2048 \end{bmatrix}\times3$	$\begin{bmatrix} 1\times1,512 \\ 3\times3,512 \\ 1\times1,2048 \end{bmatrix}\times3$	$\begin{bmatrix} 1\times1,512 \\ 3\times3,512 \\ 1\times1,2048 \end{bmatrix}\times3$
	1×1	平均池化,输出维度为 1000 的线性网络层,用 Softmax 进行分类				
FLOPs		1.8×10^9	3.6×10^9	3.8×10^9	7.6×10^9	11.3×10^9

◆ 3.5　密集连接网络

DenseNet 在 2016 年由华人学者黄俊等提出,并在 CVPR 2017 上获得最佳论文奖。这种深度卷积神经网络借鉴了 ResNet 的残差结构,但通过密集连接进一步提升了网络性能。DenseNet 的核心思想是让每一层网络直接接收前面所有层的特征图,并将其输出作为后续所有层的输入。这种密集连接方式使得网络能够更充分地利用浅层特征,从而提升整体表现。DenseNet 的结构与 ResNet 有所不同。ResNet 的残差结构通常应用于两到三层的网络中,而 DenseNet 则将每一层的输入与之前所有层的输出按通道维度进行拼接,形成新的输入,如图 3-6 所示。

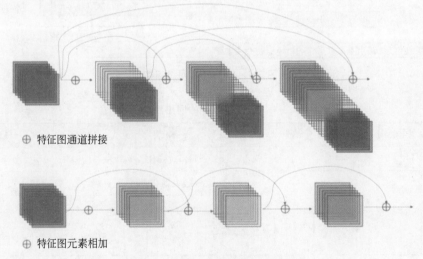

⊕ 特征图通道拼接

⊕ 特征图元素相加

图 3-6　DenseNet 与 ResNet 的差别

DenseNet 的关键组件包括 Dense Block(Dense 块)和 Transition 层。一个 Dense Block 包含多个 BottleNeck 结构,每个 BottleNeck 依次通过批归一化、ReLU 激活函数、1×1 卷积层和 3×3 卷积层处理输入数据。通过使用 1×1 卷积层,DenseNet 能够有效减少参数量和通道数量。例如,可以将每个 BottleNeck 的输出通道数从 32 减至 4。DenseNet-121～DenseNet-264 的结构参数如表 3-4 所示。DenseNet 的基本网络结构如图 3-7 所示。

表 3-4　DenseNet 的结构参数

网络层	输出大小	DenseNet-121	DenseNet-169	DenseNet-201	DenseNet-264
卷积	112×112	7×7 卷积,步幅为 2			
池化	56×56	3×3 最大池化,步幅为 2			
密集块(1)	56×56	$\begin{bmatrix}1×1\ 卷积\\3×3\ 卷积\end{bmatrix}×6$	$\begin{bmatrix}1×1\ 卷积\\3×3\ 卷积\end{bmatrix}×6$	$\begin{bmatrix}1×1\ 卷积\\3×3\ 卷积\end{bmatrix}×6$	$\begin{bmatrix}1×1\ 卷积\\3×3\ 卷积\end{bmatrix}×6$
过渡层(1)	56×56	1×1 卷积			
	28×28	2×2 平均池化,步幅为 2			
密集块(2)	28×28	$\begin{bmatrix}1×1\ 卷积\\3×3\ 卷积\end{bmatrix}×12$	$\begin{bmatrix}1×1\ 卷积\\3×3\ 卷积\end{bmatrix}×12$	$\begin{bmatrix}1×1\ 卷积\\3×3\ 卷积\end{bmatrix}×32$	$\begin{bmatrix}1×1\ 卷积\\3×3\ 卷积\end{bmatrix}×12$
过渡层(2)	28×28	1×1 卷积			
	14×14	2×2 最大池化,步幅为 2			
密集块(3)	14×14	$\begin{bmatrix}1×1\ 卷积\\3×3\ 卷积\end{bmatrix}×24$	$\begin{bmatrix}1×1\ 卷积\\3×3\ 卷积\end{bmatrix}×32$	$\begin{bmatrix}1×1\ 卷积\\3×3\ 卷积\end{bmatrix}×48$	$\begin{bmatrix}1×1\ 卷积\\3×3\ 卷积\end{bmatrix}×64$
过渡层(3)	14×14	1×1 卷积			
	7×7	2×2 最大池化,步幅为 2			
密集块(4)	7×7	$\begin{bmatrix}1×1\ 卷积\\3×3\ 卷积\end{bmatrix}×16$	$\begin{bmatrix}1×1\ 卷积\\3×3\ 卷积\end{bmatrix}×32$	$\begin{bmatrix}1×1\ 卷积\\3×3\ 卷积\end{bmatrix}×32$	$\begin{bmatrix}1×1\ 卷积\\3×3\ 卷积\end{bmatrix}×48$
分类层	1×1	7×7 全局平均池化			
		全连接层输出维度为 1000,用 Softmax 进行分类			

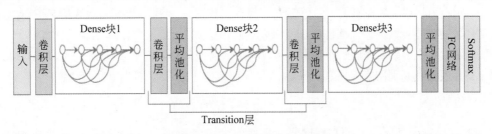

图 3-7　DenseNet 的基本网络结构

Transition 层在 DenseNet 中起到压缩模型的作用。其结构包括批归一化、ReLU 激活函数、1×1 卷积以及 2×2 平均池化。首先,通过 1×1 卷积减少输出通道的数量,然后通过 2×2 平均池化层降低特征图的尺寸。这样一来,在保证连接层数大幅增加的同时,模型的参数不会急剧增加,从而有效防止过拟合的发生。

◇ 3.6 生成对抗网络

3.6.1 生成对抗网络概述

生成对抗网络(Generative Adversarial Network,GAN)是由 Ian Goodfellow 等于 2014 年提出的一个经典深度学习模型,对图像和视频生成等任务具有重要意义。除了生成图像,GAN 还在图像质量提升、图像风格化、图像着色以及人脸生成等任务中发挥重要作用。GAN 主要由生成网络和判别网络组成,生成网络输入的是随机噪声并输出一个假图像,而判别网络则是用来判别生成图像的真假,输出的是输入图片为真实图片的概率,比如当概率为 1 则一定为真实图片,如图 3-8 所示。但是在这两个网络共同训练时,判别网络对生成网络为真实图片的预估概率为 0.5 时则为最佳,此时意味着判别网络已经无法辨别,生成网络的图像已接近于真实图片,这两个网络的训练趋于平衡状态。

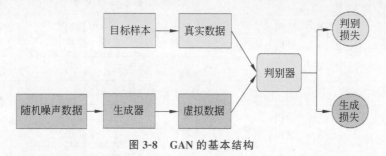

图 3-8 GAN 的基本结构

3.6.2 生成对抗网络训练过程

GAN 可以从理论上证明其存在全局最优值,但是由于事先无法确定真实图片分布函数和生成网络训练出来的假图片分布函数,因此需要用式(3-5)替代。

$$S = \frac{1}{m}\sum_{i=1}^{m}\log D(\boldsymbol{x}^i) + \frac{1}{m}\sum_{i=1}^{m}\log(1 - D(G(\boldsymbol{z}^i))) \tag{3-5}$$

其中,$D(\boldsymbol{x})$ 为判别函数;$G(\boldsymbol{z})$ 为生成函数;$\boldsymbol{x}$ 为真实数据;$\boldsymbol{z}$ 为噪声数据。默认情况下,对数函数的底数通常是自然数。训练目标是使该表达式值达到最大。在具体算法步骤中,每一轮每一次训练首先会分别从先验噪声数据集和真实图像数据集中随机估计获得 N 个样本,然后按照上式梯度更新判别网络的参数,更新完后又按照式(3-6)梯度更新生成模型参数。

$$S = \frac{1}{m}\sum_{i=1}^{m}\log(1 - D(G(\boldsymbol{z}^i))) \tag{3-6}$$

需要注意的是,GAN 的判别网络和生成网络需要同步,某一个网络过早收敛都会导致另外一个网络无法继续更新学习。

3.6.3 生成对抗网络的发展

GAN 可以被视为一种模型融合的方法,因此自其诞生以来,衍生出了众多变体和改进模型。例如，2016 年，Radford 等[52] 提出了深度卷积生成对抗网络（Deep Convolutional Generative Adversarial Network，DCGAN）。在 DCGAN 中，生成网络和判别网络均采用标准的卷积神经网络，这使得 GAN 在图像生成任务中表现出色。同时，由于 GAN 模型的灵活性，生成网络和判别网络可以用其他神经网络替代，为模型的进一步改进提供了广阔的空间。针对原始 GAN 不能生成具有特定属性的图片的问题，Mehdi Mirza 等[53] 则提出了条件生成对抗网络（Conditional Generative Adversarial Network，CGAN），CGAN 是经典的条件生成对抗式网络，该模型将类别标签分别和噪声以及真实图像数据组合起来作为生成网络和判别网络的输入，相当于通过类别属性约束了生成内容。GAN 除了与 CNN 网络结合用于图像，也可以与 RNN 等网络结构结合用于序列数据。时间生成对抗网络（Time Generative Adversarial Network，TimeGAN）[54] 就是典型的时序序列生成对抗网络，其判别生成网络均由门控循环单元（Gated Recurrent Unit，GRU）[55] 构成。此外，GAN 的衍生模型种类繁多，这里不再逐一列举。感兴趣的读者可以自行查找相关资料，以进一步了解这些模型的特点和应用。

◆ 3.7　Transformer

3.7.1　Transformer 概述

Transformer[48] 模型源于谷歌公司的经典论文 *Attention is all your need*，其主要由编码器和解码器两个组件构成，其整体结构如图 3-9 所示。

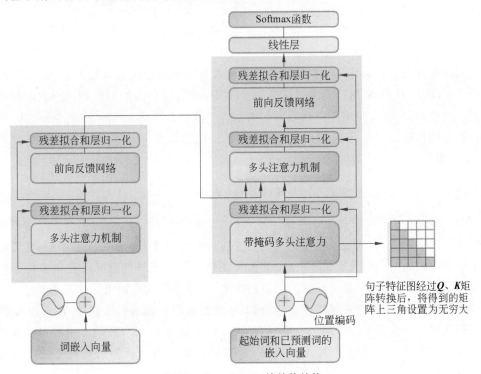

图 3-9　Transformer 的整体结构

Transformer 模型中的编码器单元由多头注意力机制和前馈神经网络组成;解码器单元则由遮掩多头注意力机制、编码器-解码器注意力机制和前馈神经网络构成。在这些组件中,每个网络层都采用了残差连接,并在输出至下一层之前进行层归一化处理。

3.7.2 自注意力机制

编码器和解码器都包含自注意力结构,这是 Transformer 的核心计算机制,用于更好地量化上下文相关信息。自注意力机制类似于人类的注意力机制,能够聚焦于重要信息,同时忽略不相关的元素。自注意力的具体计算方式如图 3-10 所示。

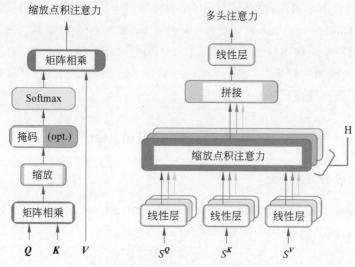

图 3-10　自注意力的具体计算方式

该结构首先会初始化 3 个权重矩阵并与输入矩阵相乘生成查询矩阵 Q、键矩阵 K 和值矩阵 V,然后 Q 和 K 进行点乘并除以维度的平方根,这一步的矩阵相乘得到的结果是单词之间的相似度,反映出了单词之间的关系。对结果进行 Softmax 处理再乘以 V,这一步计算出的自注意力值作为词向量,能够更好地包含词与句中词的相关性。其计算如式(3-7)所示:

$$\text{Attention}(\boldsymbol{Q},\boldsymbol{K},\boldsymbol{V}) = \left(\left(\text{Softmax}\left(\frac{\boldsymbol{Q}\boldsymbol{K}^{\mathrm{T}}}{\sqrt{\boldsymbol{d}_k}}\right)\right)\boldsymbol{V}\right) \tag{3-7}$$

Transformer 使用较多的是多头注意力机制,在这个结构中,会将多个注意力机制的输出结果拼接起来,再通过线性层完成线性变换。每个注意力机制的参数不同,这意味着每个注意力机制关注的位置也不同,因此多头注意力机制能够挖掘并整合更多特征信息到词向量中,同时降低了每个注意力机制的维度,通过并行运算加快了计算速度。

在解码器中,还包含一层编码器-解码器注意力机制。在这一机制中,K 和 V 矩阵是由编码器的输出值分别乘以两个权重矩阵生成的,而 Q 矩阵则由解码器中的多头注意力机制输出值生成。当得到 Q、K、V 矩阵后,就可以按照注意力机制的计算方式生成最终的注意力值。

3.7.3　Transformer 的输入

在 Transformer 模型中,编码器和解码器的输入不仅由词向量构成,还需要加上位置编码。位置编码的计算公式如式(3-8)所示:

$$PE_{(pos,2i)} = \sin(pos/1000^{2i/d})$$
$$PE_{(pos,2i+1)} = \cos(pos/1000^{2i/d}) \tag{3-8}$$

其中,pos 表示单词在句子中的绝对位置,pos=0,1,2,…,对于句子中的第 i 个单词,其 pos=i−1;d 表示词向量的维度;$2i$ 和 $2i$+1 分别表示偶数和奇数位置的维度,i 表示词向量中的第 i 维。之所以使用三角函数进行位置编码,是因为一个词在不同语境中出现,可能具有不同的含义。而三角函数能够很好地捕捉词语之间的相对位置信息。当词向量加上位置编码向量后,不同位置的同一词语的词向量就会有所区别,从而帮助模型更好地学习并理解词语之间的相互关系,提升模型对词义和语句逻辑顺序的理解能力。

对于解码器来说,每次输入矩阵都会添加上一个自身预测的词向量,最开始由于没有预测值因此只有起始符,即起始符向量加上位置编码。这表明 Transformer 是一种自回归模型,利用已生成的预测值来生成下一个预测值。

3.7.4　掩码机制

掩码机制是 Transformer 中的一种重要技术,它用于对某些值进行掩盖,防止它们在参数更新时产生影响。Transformer 模型中涉及两种主要的掩码[51]:填充掩码和序列掩码。

填充掩码主要用于解决自注意力机制计算中输入矩阵尺寸不一致的问题。在自然语言处理中,句子的长度通常不一致。对于较短的句子,需要用零填充来补齐;对于较长的句子,保留左侧内容,多余部分用零替代。然而,直接使用零填充在 Softmax 操作中可能会导致这些区域产生有效的特征值。为了解决这个问题,在进行 Softmax 操作之前,会加上一个偏置矩阵,其中零值区域对应原矩阵的有效区域,而无穷大值对应无效区域,从而使无效区域不会影响计算结果[56]。

在解码器的遮掩多头注意力机制中,除了使用填充掩码外,还会使用序列掩码。在训练过程中,为了防止模型"作弊",需要掩盖句子中待预测的所有词。具体方法是在对 Q、K、V 矩阵完成缩放点积后,对得到的矩阵进行处理,将矩阵的上三角部分元素转化为负无穷值,然后再进行 Softmax 操作。可以看到并不是直接掩盖待预测词的词向量,因为填充掩码已经进行了数据对齐,再对待预测词进行无效化处理可能会损失一部分信息。而 Q、K、V 矩阵完成缩放点积后得到的矩阵可以看作任意两个词之间的相似度矩阵,对其进行上述操作后,模型只知道某个单词与其之前的单词的相似度。这样模型便能在不损失原始信息的情况下对句子进行掩盖[57]。

3.7.5　Transformer 网络

近年来,卷积神经网络在图像视觉领域逐渐遇到瓶颈,而 Transformer 在自然语言处理领域的成功引起了广泛关注。将 Transformer 应用于图像视觉领域成为了新的发展方向。理论上,注意力机制与人类视觉有相似之处;在实验中,Transformer 也展现了许多优势和潜力。

2020 年,视觉 Transformer(Vision Transformer,ViT)[58] 将 Transformer 应用于图像领域,用 Transformer 替代了标准卷积神经网络。该模型将图像转换为若干个指定大小的图像块,再将每个图块转换为一维向量(类似于词向量),然后通过 Transformer 的编码器和多层感知机进行分类。在 ImageNet 图像分类任务中,该模型取得了 88.55% 的 Top-1 准确率,超越了 ResNet 系列模型,验证了 Transformer 在图像领域应用的可行性。

2021 年,Liu 等[59] 提出了 Swin Transformer,与 ViT 相比性能有所提升。当前,Transformer 在目标检测、图像分割、图像分类以及图像视频超分辨率等任务中均有应用。例如,目标检测的 DETR(Detection Transformer)[60] 模型融合了 CNN 和 Transformer 两种模型,而图像分割的 SETR(Semantic Segmentation Transformer)[61] 模型也结合了这两种模型。这些模型在实验中均表现出色。如果读者对 Transformer 在图像领域的应用感兴趣,可以自行查阅相关资料。

◇ 3.8 例 题

例题 3-1

使用 PyTorch 实现 AlexNet,并对 FashionMNIST 数据集进行分类(编写代码完成以下任务)。

(1) 加载 FashionMNIST 数据集并进行预处理。

(2) 定义 AlexNet 模型。

(3) 使用 SGD 优化器和交叉熵损失函数来训练模型。

(4) 在训练过程中输出每个 epoch 的平均损失。

(5) 在测试集上评估模型的准确性,并输出测试准确率。

解答:

(1) 加载 FashionMNIST 数据集并进行预处理。

```
1.  import torch
2.  import torch.nn as nn
3.  import torch.optim as optim
4.  import torchvision.transforms as transforms
5.  from torch.utils.data import DataLoader
6.  from torchvision.datasets import FashionMNIST
7.  import matplotlib.pyplot as plt
8.  transform = transforms.Compose([
9.      transforms.Resize((227, 227)),   #将图像大小调整为 (227, 227)
10.     transforms.ToTensor(),
11.     transforms.Normalize((0.5,), (0.5,))
12. ])
13. train_dataset = FashionMNIST(root='./data', train=True, download=True,
    transform=transform)
```

```
14. test_dataset = FashionMNIST(root='./data', train=False, download=True,
    transform=transform)
15. train_loader = DataLoader(train_dataset, batch_size=64, shuffle=True)
16. test_loader = DataLoader(test_dataset, batch_size=64, shuffle=False)
```

（2）定义 AlexNet 模型。

```
1.  class AlexNet(nn.Module):
2.    def __init__(self, num_classes=10):
3.        super(AlexNet, self).__init__()
4.        self.features = nn.Sequential(
5.            nn.Conv2d(1, 64, kernel_size=11, stride=4, padding=2),
6.            nn.ReLU(inplace=True),
7.            nn.MaxPool2d(kernel_size=3, stride=2),
8.            nn.Conv2d(64, 192, kernel_size=5, padding=2),
9.            nn.ReLU(inplace=True),
10.           nn.MaxPool2d(kernel_size=3, stride=2),
11.           nn.Conv2d(192, 384, kernel_size=3, padding=1),
12.           nn.ReLU(inplace=True),
13.           nn.Conv2d(384, 256, kernel_size=3, padding=1),
14.           nn.ReLU(inplace=True),
15.           nn.Conv2d(256, 256, kernel_size=3, padding=1),
16.           nn.ReLU(inplace=True),
17.           nn.MaxPool2d(kernel_size=3, stride=2),
18.        )
19.        self.avgpool = nn.AdaptiveAvgPool2d((6, 6))
20.        self.classifier = nn.Sequential(
21.            nn.Dropout(),
22.            nn.Linear(256 * 6 * 6, 4096),
23.            nn.ReLU(inplace=True),
24.            nn.Dropout(),
25.            nn.Linear(4096, 4096),
26.            nn.ReLU(inplace=True),
27.            nn.Linear(4096, num_classes),
28.        )
29.    def forward(self, x):
30.        x = self.features(x)
31.        x = self.avgpool(x)
32.        x = torch.flatten(x, 1)
33.        x = self.classifier(x)
34.        return x
```

（3）使用 SGD 优化器和交叉熵损失函数来训练模型。

```
1. device = torch.device("cuda" if torch.cuda.is_available() else "cpu")
2. model = AlexNet(num_classes=10).to(device)
3. criterion = nn.CrossEntropyLoss()
4. optimizer = optim.SGD(model.parameters(), lr=0.01, momentum=0.9)
```

(4) 在训练过程中输出每个 epoch 的平均损失,如图 3-11 所示。

```
1.  #记录每个 epoch 的损失值
2.  loss_history = []
3.  #4.训练模型并输出每个 epoch 的平均损失
4.  num_epochs = 10
5.  for epoch in range(num_epochs):
6.      model.train()
7.      running_loss = 0.0
8.      for images, labels in train_loader:
9.          images, labels = images.to(device), labels.to(device)
10.         optimizer.zero_grad()
11.         outputs = model(images)
12.         loss = criterion(outputs, labels)
13.         loss.backward()
14.         optimizer.step()
15.         running_loss += loss.item()
16.     epoch_loss = running_loss / len(train_loader)
17.     loss_history.append(epoch_loss)
18. print(f"Epoch {epoch+1}, Loss: {running_loss / len(train_loader)}")
19. #绘制损失变化图
20. plt.plot(range(1, num_epochs + 1), loss_history, marker='o')
21. plt.xlabel('轮数')
22. plt.ylabel('损失')
23. plt.title('训练损失')
24. plt.grid(True)
25. plt.show()
```

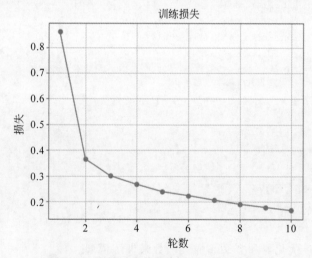

图 3-11　训练过程的每个 epoch 的平均损失

(5) 在测试集上评估模型的准确性。

```
1.  model.eval()
```

```
2.  correct = 0
3.  total = 0
4.  with torch.no_grad():
5.      for images, labels in test_loader:
6.          images, labels = images.to(device), labels.to(device)
7.          outputs = model(images)
8.          _, predicted = torch.max(outputs.data, 1)
9.          total += labels.size(0)
10.         correct += (predicted == labels).sum().item()
11. print(f"Accuracy on test set: {100 * correct / total}%")
```

例题 3-2

请使用 PyTorch 实现 ResNet 来对 FashionMNIST 数据集进行分类(编写代码完成以下任务)。

(1) 加载 FashionMNIST 数据集并进行预处理。

(2) 定义 ResNet 模型。

(3) 使用 SGD 优化器和交叉熵损失函数来训练模型。

(4) 在训练过程中输出每个 epoch 的平均损失。

(5) 在测试集上评估模型的准确性,并输出测试准确率。

解答:

(1) 加载 FashionMNIST 数据集并进行预处理。

```
1.  import torch
2.  import torch.nn as nn
3.  import torch.optim as optim
4.  import torchvision
5.  import torchvision.transforms as transforms
6.  from torchvision.datasets import FashionMNIST
7.  from torch.utils.data import DataLoader
8.  import matplotlib.pyplot as plt
9.  #加载FashionMNIST数据集并进行预处理
10. transform = transforms.Compose([
11.     transforms.ToTensor(),
12.     transforms.Normalize((0.5,), (0.5,))
13. ])
14. train_dataset = FashionMNIST(root='./data', train=True, download=True,
transform=transform)
15. test_dataset = FashionMNIST(root='./data', train=False, download=True,
transform=transform)
16. train_loader = DataLoader(train_dataset, batch_size=64, shuffle=True)
17. test_loader = DataLoader(test_dataset, batch_size=64, shuffle=False)
```

(2) 定义 ResNet 模型。

```
1.  #定义Residual Block
2.  class ResidualBlock(nn.Module):
```

```
3.     def __init__(self, in_channels, out_channels, stride=1):
4.         super(ResidualBlock, self).__init__()
5.         self.conv1 = nn.Conv2d(in_channels, out_channels, kernel_size=3,
stride=stride, padding=1, bias=False)
6.         self.bn1 = nn.BatchNorm2d(out_channels)
7.         self.relu = nn.ReLU(inplace=True)
8.         self.conv2 = nn.Conv2d(out_channels, out_channels, kernel_size=3,
stride=1, padding=1, bias=False)
9.         self.bn2 = nn.BatchNorm2d(out_channels)
10.        self.downsample = None
11.        if stride != 1 or in_channels != out_channels:
12.            self.downsample = nn.Sequential(
13.                nn.Conv2d(in_channels, out_channels, kernel_size=1,
stride=stride, bias=False),
14.                nn.BatchNorm2d(out_channels)
15.            )
16.    def forward(self, x):
17.        identity = x
18.        out = self.conv1(x)
19.        out = self.bn1(out)
20.        out = self.relu(out)
21.        out = self.conv2(out)
22.        out = self.bn2(out)
23.        if self.downsample is not None:
24.            identity = self.downsample(x)
25.        out += identity
26.        out = self.relu(out)
27.        return out
28. #定义ResNet模型
29. class ResNet(nn.Module):
30.    def __init__(self, block, layers, num_classes=10):
31.        super(ResNet, self).__init__()
32.        self.in_channels = 64
33.        self.conv1 = nn.Conv2d(1, 64, kernel_size=7, stride=2, padding=3,
bias=False)
34.        self.bn1 = nn.BatchNorm2d(64)
35.        self.relu = nn.ReLU(inplace=True)
36.        self.maxpool = nn.MaxPool2d(kernel_size=3, stride=2, padding=1)
37.        self.layer1 = self.make_layer(block, 64, layers[0], stride=1)
38.        self.layer2 = self.make_layer(block, 128, layers[1], stride=2)
39.        self.layer3 = self.make_layer(block, 256, layers[2], stride=2)
40.        self.layer4 = self.make_layer(block, 512, layers[3], stride=2)
41.        self.avgpool = nn.AdaptiveAvgPool2d((1, 1))
42.        self.fc = nn.Linear(512, num_classes)
43.    def make_layer(self, block, out_channels, blocks, stride):
44.        layers = []
45.        layers.append(block(self.in_channels, out_channels, stride))
46.        self.in_channels = out_channels
```

```
47.        for _ in range(1, blocks):
48.            layers.append(block(out_channels, out_channels))
49.        return nn.Sequential(*layers)
50.    def forward(self, x):
51.        x = self.conv1(x)
52.        x = self.bn1(x)
53.        x = self.relu(x)
54.        x = self.maxpool(x)
55.        x = self.layer1(x)
56.        x = self.layer2(x)
57.        x = self.layer3(x)
58.        x = self.layer4(x)
59.        x = self.avgpool(x)
60.        x = x.view(x.size(0), -1)
61.        x = self.fc(x)
62.        return x
```

（3）使用 SGD 优化器和交叉熵损失函数来训练模型。

```
1.  #定义模型、损失函数和优化器
2.  device = torch.device("cuda" if torch.cuda.is_available() else "cpu")
3.  model = ResNet(ResidualBlock, [2, 2, 2, 2]).to(device)
4.  criterion = nn.CrossEntropyLoss()
5.  optimizer = optim.SGD(model.parameters(), lr=0.01, momentum=0.9)
```

（4）在训练过程中输出每个 epoch 的平均损失，如图 3-12 所示。

```
1.  #记录每个 epoch 的损失值
2.  loss_history = []
3.  #训练模型并输出每个 epoch 的平均损失
4.  num_epochs = 10
5.  for epoch in range(num_epochs):
6.      model.train()
7.      running_loss = 0.0
8.      for images, labels in train_loader:
9.          images, labels = images.to(device), labels.to(device)
10.         optimizer.zero_grad()
11.         outputs = model(images)
12.         loss = criterion(outputs, labels)
13.         loss.backward()
14.         optimizer.step()
15.         running_loss += loss.item()
16.     epoch_loss = running_loss / len(train_loader)
17.     loss_history.append(epoch_loss)
18.     print(f"Epoch {epoch+1}, Loss: {running_loss / len(train_loader)}")
19. #绘制损失变化图
20. plt.plot(range(1, num_epochs + 1), loss_history, marker='o')
21. plt.xlabel('轮数')
```

```
22. plt.ylabel('损失')
23. plt.title('训练损失')
24. plt.grid(True)
25. plt.show()
```

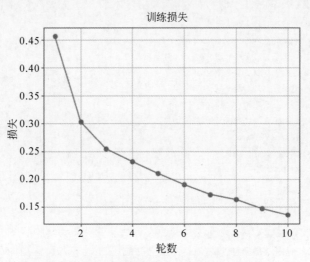

图 3-12 训练过程的每个 epoch 的平均损失

(5)在测试集上评估模型的准确性,并输出测试准确率。

```
1.  #在测试集上评估模型并输出测试准确率
2.  model.eval()
3.  correct = 0
4.  total = 0
5.  with torch.no_grad():
6.      for images, labels in test_loader:
7.          images, labels = images.to(device), labels.to(device)
8.          outputs = model(images)
9.          _, predicted = torch.max(outputs.data, 1)
10.         total += labels.size(0)
11.         correct += (predicted == labels).sum().item()
12. print(f"Accuracy on test set: {100 * correct / total}%")
```

例题 3-3

请使用 PyTorch 实现一个简单的生成对抗网络,用于生成手写数字图像(编写代码完成以下任务)。

(1)定义生成器和判别器的网络结构。

(2)加载 MNIST 数据集并进行预处理。

(3)实现训练过程,包括生成器和判别器的训练,并且在训练过程中,每隔一定步数输出生成器和判别器的损失。

(4)使用训练好的生成器生成一些手写数字图像示例。

解答：

（1）定义生成器和判别器的网络结构。

```
1.  import torch
2.  import torch.nn as nn
3.  import torch.optim as optim
4.  import torchvision
5.  import torchvision.transforms as transforms
6.  from torchvision.datasets import MNIST
7.  from torch.utils.data import DataLoader
8.  #定义生成器网络结构
9.  class Generator(nn.Module):
10.     def __init__(self, input_size, hidden_size, output_size):
11.         super(Generator, self).__init__()
12.         self.model = nn.Sequential(
13.             nn.Linear(input_size, hidden_size),
14.             nn.ReLU(),
15.             nn.Linear(hidden_size, hidden_size * 2),
16.             nn.ReLU(),
17.             nn.Linear(hidden_size * 2, output_size),
18.             nn.Tanh()
19.         )
20.     def forward(self, x):
21.         return self.model(x)
22. #定义判别器网络结构
23. class Discriminator(nn.Module):
24.     def __init__(self, input_size, hidden_size, output_size):
25.         super(Discriminator, self).__init__()
26.         self.model = nn.Sequential(
27.             nn.Linear(input_size, hidden_size * 2),
28.             nn.LeakyReLU(0.2),
29.             nn.Linear(hidden_size * 2, hidden_size),
30.             nn.LeakyReLU(0.2),
31.             nn.Linear(hidden_size, output_size),
32.             nn.Sigmoid()
33.         )
34.     def forward(self, x):
35.         return self.model(x)
```

（2）加载 MNIST 数据集并进行预处理。

```
1.  #加载 MNIST 数据集并进行预处理
2.  transform = transforms.Compose([
3.      transforms.ToTensor(),
4.      transforms.Normalize((0.5,), (0.5,))
5.  ])
6.  train_dataset = MNIST(root = './data', train = True, download = True,
transform=transform)
7.  train_loader = DataLoader(train_dataset, batch_size=100, shuffle=True)
```

（3）实现训练过程，且每隔一定步数输出生成器和判别器的损失。

```
1.   #定义生成器、判别器和优化器
2.   input_size = 100                              #随机噪声的维度
3.   hidden_size = 128
4.   output_size = 784                             #28x28 图像的大小
5.   generator = Generator(input_size, hidden_size, output_size)
6.   discriminator = Discriminator(output_size, hidden_size, 1)
7.   criterion = nn.BCELoss()                      #二元交叉熵损失函数
8.   lr = 0.0002
9.   optimizer_G = optim.Adam(generator.parameters(), lr=lr)
10.  optimizer_D = optim.Adam(discriminator.parameters(), lr=lr)
11. #定义训练过程
12.  num_epochs = 200                              #增加训练轮数以提升数字图像质量
13. for epoch in range(num_epochs):
14.    for i, (images, _) in enumerate(train_loader):
15.        batch_size = images.size(0)
16.        images = images.view(batch_size, -1)#将图像展平成一维向量
17.        #创建真实和假的标签
18.        real_labels = torch.ones(batch_size, 1)
19.        fake_labels = torch.zeros(batch_size, 1)
20.        #在训练判别器时,计算真实图像的损失
21.        discriminator_real_outputs = discriminator(images)
22.        d_loss_real = criterion(discriminator_real_outputs, real_labels)
23.        #生成随机噪声作为生成器的输入
24.        z = torch.randn(batch_size, input_size)
25.        #使用生成器生成假图像并计算判别器对假图像的损失
26.        fake_images = generator(z)
27.        discriminator_fake_outputs = discriminator(fake_images.detach())
28.        d_loss_fake = criterion(discriminator_fake_outputs, fake_labels)
29.        #总的判别器损失为真实图像损失加上假图像损失
30.        d_loss = d_loss_real + d_loss_fake
31.        #反向传播并更新判别器参数
32.        optimizer_D.zero_grad()
33.        d_loss.backward()
34.        optimizer_D.step()
35.        #训练生成器,计算生成器生成的假图像在判别器上的损失
36.        discriminator_fake_outputs = discriminator(fake_images)
37.        g_loss = criterion(discriminator_fake_outputs, real_labels)
38.        #反向传播并更新生成器参数
39.        optimizer_G.zero_grad()
40.        g_loss.backward()
41.        optimizer_G.step()
42.        if (i+1) % 200 == 0:
43.            print(f"Epoch [{epoch+1}/{num_epochs}], Step [{i+1}/{len
(train_loader)}], "
44.                  f"Generator Loss: {g_loss.item():.4f}, Discriminator
Loss: {d_loss.item():.4f}")
```

（4）使用训练好的生成器生成一些手写数字图像示例，如图 3-13、图 3-14 所示。

```
1.  #使用训练好的生成器生成一些手写数字图像示例
2.  import matplotlib.pyplot as plt
3.  generator.eval()  #设置生成器为评估模式
4.  num_samples = 10
5.  z = torch.randn(num_samples, input_size)
6.  fake_images = generator(z).view(-1, 28, 28).detach().numpy()
7.  plt.figure(figsize=(10, 2))
8.  for i in range(num_samples):
9.      plt.subplot(1, num_samples, i+1)
10.     plt.imshow(fake_images[i], cmap='gray')
11.     plt.axis('off')
12. plt.show()
```

图 3-13 迭代 10 次的生成结果

图 3-14 迭代 200 次的生成结果

3.9 课后习题

1. VGGNet 为什么使用 3×3 卷积核？VGG16 网络的参数量是多少？使用 PyTorch 实现 VGG19 来对 FashionMNIST 数据集进行分类。

2. GoogLeNet 的 Inception 结构解决了什么问题？使用 GoogLeNet 的最小图像大小是多少？使用 PyTorch 实现 GoogLeNet 来对 FashionMNIST 数据集进行分类。

3. GoogLeNet 中的 Inception 结构与残差块之间的主要区别是什么？对于更深层次的网络，ResNet 引入了 BottleNeck 架构来降低模型复杂性，尝试实现。

4. 为什么 DenseNet 的优点之一是其模型参数比 ResNet 小？应用 DenseNet 的思想设计一个基于多层感知机的模型。

5. 在实验中，训练更深的 Transformer 将如何影响训练速度和翻译效果？使用 PyTorch 在"英语-法语"机器翻译数据集上训练 Transformer 模型，并将一些英语句子翻译成法语。

第4章

深度学习技术编程工具

在深度学习的发展初期,研究者们常常需要编写大量重复性的代码。为了提高工作效率,这些研究者开始将这些代码整理成框架,并分享至网络上供其他研究者共同使用。因此,学术界和工业界投入了大量精力开发和完善了多个基础平台与通用工具,这些工具被统称为机器学习框架或深度学习框架。随着时间的推移,几个最为实用的框架逐渐流行起来,成为广泛使用的工具。在 21 世纪初期,一些传统的机器学习工具开始提供神经网络开发的基本支持,如 MATLAB[62] 和 Torch[63] 等。随着 GPU 技术和通用编程接口的日益成熟,越来越多的深度学习框架开始支持多 GPU 训练,使得训练更大、更深的模型成为可能[60]。

在开始深度学习项目之前,选择一个合适的框架至关重要。一个合适的框架可以显著提高工作效率,事半功倍。目前,经过一轮激烈的市场竞争,只有少数深度学习框架在市场上占据了较高的份额。以下是一些当前广泛流行的深度学习框架:用于快速特征嵌入的卷积架构(Convolutional Architecture for Fast Feature Embedding,Caffe)[64]、Keras[65]、TensorFlow[66] 和 PyTorch[63]。深度学习框架和平台支持情况如表 4-1 和表 4-2 所示。

表 4-1 不同深度学习框架

软件	开 发 者	支持的平台	核心语言	语言接口
Caffe	伯克利视觉与学习中心	Linux、macOS X、Windows	C++	Python、MATLAB
Keras	Francois Chollet	Linux、macOS X、Windows	Python	Python
TensorFlow	谷歌大脑团队	Linux、macOS X、Windows	C++ 、Python	Python、C/C++ 、Java、Go
PyTorch	Adam Paszke、Sam Gross、Soumith Chintala、Gregory Chanan	Linux、macOS X、Windows	Python、C、CUDA	Python

表 4-2　不同深度学习框架平台支持

软　件	OpenMP 支持	OpenCL 支持	CUDA 支持	预训练模型
Caffe	否	是	是	是
Keras	是	否	是	部分
TensorFlow	否	否	是	是
PyTorch	是	否	是	是

4.1　Caffe

4.1.1　Caffe 概述

Caffe 是一个兼具表达性、速度和模块化设计的深度学习框架,由伯克利人工智能研究小组和伯克利视觉与学习中心开发。Caffe 的核心采用 C++ 编写,同时还提供了 Python 和 MATLAB 接口,支持多种类型的深度学习架构,主要面向图像分类和图像分割任务。此外,Caffe 还支持卷积神经网络、区域卷积神经网络、长短期记忆网络以及全连接神经网络的设计。Caffe 可以利用 GPU 和 CPU 进行加速计算,并支持 NVIDIA 公司的 cuDNN 和 Intel 公司的 MKL 库。

Caffe 的核心概念是层,每一个神经网络的模块都是一个层。层接收输入数据,通过内部计算生成输出数据。在设计网络结构时,只需将各个层拼接在一起,即可构建完整的网络。例如,卷积层的输入是图片的像素点,内部操作是将像素值与层的参数进行卷积,输出结果则是所有卷积核的计算结果。每个层需要定义两种运算:一种是正向运算,即从输入数据计算输出结果,代表模型的预测过程;另一种是反向运算,通过输出端的梯度求解相对于输入的梯度,这部分即为模型的训练过程(反向传播算法)。在实现新的层时,需要用户编写 C++ 或 CUDA 代码来完成正向和反向运算的函数实现,这对普通用户来说操作难度较高。正如它的名字所描述的,该框架最初的设计目标主要针对图像处理,因此对卷积神经网络的支持非常好。然而,Caffe 对文本、语音或时间序列数据的支持较为不足,尤其是对于递归神经网络和长短期记忆网络等结构,支持并不充分。基于层的模式在定义 RNN 结构时也不够友好,设计复杂网络时可能需要编写冗长的配置文件,这不仅增加了设计难度,也使得阅读代码变得费力。

Caffe 的一大优势在于其拥有大量预训练的经典模型,如 AlexNet、VGGNet 和 Inception。由于其知名度高,Caffe 广泛应用于工业界和学术界的前沿研究中,许多开源的深度学习研究论文均使用 Caffe 实现其模型。在计算机视觉领域,Caffe 的应用尤为广泛,可以用于人脸识别、图像分类、目标检测、目标追踪等任务。尽管 Caffe 主要面向学术研究者,但因其程序运行非常稳定,代码质量也较高,因此也非常适合对稳定性有严格要求的生产环境。因此,Caffe 是第一个主流的工业级深度学习框架。Caffe 的底层是基于 C++ 开发的,因此它具有良好的移植性,能够在各种硬件环境下进行编译,并支持 Linux、macOS 和 Windows 操作系统,还可以部署到移动设备系统如 Android 和 iOS。与其他主流深度学习库类似,Caffe 也提供了 Python 接口,即 pycaffe,用户在面对新任务或设计新网络时,可以通过其 Python 接口简化操作。

4.1.2　Caffe 的特点

Caffe 具有以下特点。

(1) 模块性。Caffe 遵循模块化设计原则,使其能够轻松扩展以支持新的数据格式、网络层和损失函数。

(2) 表示和实现分离。Caffe 通过使用 Google 公司的 Protocol Buffer 定义模型文件,并采用特定的文本文件格式来表示网络结构,以有向非循环图的形式构建网络。

(3) 与 Python 和 MATLAB 结合。Caffe 提供了 Python 和 MATLAB 接口,用户可以选择熟悉的编程语言来调用和部署算法应用。

(4) GPU 加速。Caffe 通过利用 MKL、Open BLAS、cuBLAS 等计算库,实现了基于 GPU 的计算加速。

◆ 4.2　Keras

4.2.1　Keras 概述

Keras 是一个崇尚极简、高度模块化的神经网络库,使用 Python 实现,并可以同时运行在 Theano 和 TensorFlow 上。其设计目标是通过简化深度学习模型的开发流程,帮助用户更快地从想法转换为实验结果。Theano 和 TensorFlow 提供通用的计算图支持,而 Keras 专注于深度学习领域,类似于深度学习中的 Scikit-learn。Keras 提供了便捷的 API,用户可以通过简单的模块拼接来设计神经网络,从而大幅降低了编程复杂度和代码理解的难度。Keras 支持卷积网络和循环网络,并能够构建级联模型或任意图结构的模型。用户无须修改代码即可在 CPU 和 GPU 之间切换运行模式。因为底层使用 Theano 或 TensorFlow,用 Keras 训练模型相比于前两者基本没有什么性能损耗,还可以享受前两者持续开发带来的性能提升,只是简化了编程的复杂度,节约了尝试新网络结构的时间。可以说模型越复杂,使用 Keras 的收益就越大,尤其是在高度依赖权值共享、多模型组合、多任务学习等模型上,Keras 表现得非常突出。Keras 所有的模块都是简洁、易懂、完全可配置、可随意插拔的,并且基本上没有任何使用限制,神经网络、损失函数、优化器、初始化方法、激活函数和正则化等模块都是可以自由组合的。Keras 也包括绝大部分先进的技巧,包括 Adam、批量归一化、修正线性单元等。同时,新的模块也很容易添加,这让 Keras 非常适合最前沿的研究。Keras 中的模型也都是在 Python 中定义的,不像 Caffe 需要额外的文件来定义模型,这样就可以通过编程的方式调试模型结构和各种超参数。在 Keras 中,只需要几行代码就能实现一个多层感知机,或者十几行代码实现一个 AlexNet,这在其他深度学习框架中基本是不可能完成的任务。Keras 最大的问题可能是目前无法直接使用多 GPU,所以对大规模的数据处理速度没有其他支持多 GPU 和分布式的框架快。

4.2.2　Keras 的特点

Keras 具有以下特点。

（1）用户友好。Keras 是为人类设计的 API，其开发始终以用户体验为核心。Keras 遵循减少认知负担的最佳实践，提供一致而简洁的 API，显著减少了用户的工作量，并提供了清晰且具有实践意义的错误反馈。

（2）模块性。Keras 的模型可以理解为由一系列层组成的序列或数据的运算图，这些模块完全可配置，能够以最小的代价自由组合。具体来说，网络层、损失函数、优化器、初始化策略、激活函数和正则化方法都是独立模块，用户可以使用这些模块构建自己的模型。

（3）易扩展性。Keras 支持轻松添加新模块，用户只需要仿照现有模块编写新的类或函数即可。创建新模块的便捷性使得 Keras 非常适合进行前沿研究。

（4）与 Python 协作。Keras 没有单独的模型配置文件类型，模型由 Python 代码描述，使其更紧凑和更易消除程序漏洞，并提供了扩展的便利性。

 ## 4.3　TensorFlow

4.3.1　TensorFlow 概述

TensorFlow 是相对高阶的机器学习库，用户可以方便地用它设计神经网络结构，而不必为了追求高效率的实现亲自写 C++ 或 CUDA 代码。它支持自动求导，用户不需要再通过反向传播求解梯度。其核心代码和 Caffe 一样是用 C++ 编写的，使用 C++ 简化了线上部署的复杂度，并让手机这种内存和 CPU 资源都紧张的设备可以运行复杂模型。除了核心代码的 C++ 接口，TensorFlow 还有官方的 Python、Go 和 Java 接口，通过简化封装和接口生成器（Simplified Wrapper and Interface Generator，SWIG）实现的，这样用户就可以在一个硬件配置较好的机器中用 Python 进行实验，并在资源比较紧张的嵌入式环境或需要低延迟的环境中用 C++ 部署模型。SWIG 支持给 C/C++ 代码提供各种语言的接口，因此其他脚本语言的接口未来也可以通过 SWIG 方便地添加。不过使用 Python 时有一个影响效率的问题是，每一个小批次数据要从 Python 中输入网络中，这个过程在小批次数据的数据量很小或者运算时间很短时，可能会带来影响比较大的延迟。

TensorFlow 的另一大优势在于其灵活的可移植性。几乎无须修改代码，用户便能轻松地将模型部署到各种配置的设备上，包括任意数量的 CPU 或 GPU 的 PC、服务器或移动设备。TensorFlow 还有一个优势就是它极快的编译速度，在定义新网络结构时，TensorFlow 完全不需要为尝试新模型付出较大的代价。TensorFlow 还有功能强大的可视化组件 TensorBoard，能可视化网络结构和训练过程，对于观察复杂的网络结构和监控长时间、大规模的训练很有帮助。TensorFlow 针对生产环境高度优化，它产品级的高质量代码和设计都可以保证在生产环境中稳定运行，同时一旦 TensorFlow 广泛地被工业界使用，将产生良性循环，成为深度学习领域的事实标准。

TensorFlow 的用户能够将训练好的模型方便地部署到多种硬件和操作系统平台上，支持 Intel 和 AMD 公司的 CPU,通过 CUDA 支持 NVIDIA 公司的 GPU,并兼容 Linux 和 macOS 操作系统。在工业生产环境中，硬件设备的种类复杂，包括最新款设备和使用多年的旧机型，TensorFlow 的异构性让它能够全面支持各种硬件和操作系统。此外，TensorFlow 还可以基于 ARM 架构进行编译和优化，因此在移动设备上的表现也非常出色。

4.3.2   TensorFlow 的特点

TensorFlow 具有以下特点。

（1）可移植性与跨平台性。相同的代码和模型可以无缝运行在服务器、PC 以及移动设备上，且 TensorFlow 可以选择在 CPU 或 GPU 上运行。

（2）良好的社区生态。TensorFlow 的官方文档几乎对所有的函数与所有的参数都进行了详细的阐述，并且大部分官方教程支持中文，降低了国内用户的学习成本。

（3）内置算法非常完善。TensorFlow 内置了大部分常用的机器学习算法，涵盖广泛的应用场景。

（4）适用工业生产。TensorFlow 内置的服务、分布式架构等功能，使个人和企业能够轻松完成模型的训练与部署。

（5）编程扩展性好。TensorFlow 支持市面上大多数编程语言，如 Python、C、R、Go 等，提供了极大的灵活性和扩展性。

◆ 4.4   PyTorch

4.4.1   PyTorch 概述

PyTorch 是由 Facebook AI 实验室开发的一款深度学习框架，旨在提供高效的 GPU 加速和灵活的模型定义。自 2017 年发布以来，PyTorch 迅速成为深度学习领域的标准工具之一，广泛应用于图像识别、自然语言处理和计算机视觉等多个领域。由于其易于使用、灵活性强、开放源代码、可扩展性好等优点，PyTorch 受到了深度学习社区的广泛关注和应用。近年来，PyTorch 持续更新迭代，推出了多项新功能。例如，torchscript 可以将 PyTorch 模型转化为可移植的 C++ 或 Python 代码，支持跨平台部署；torchserve 则是一个轻量级的模型服务器，便于创建和部署 PyTorch 模型。

截至 2020 年，PyTorch 已经成为深度学习领域最流行、使用最广泛的框架之一。据相关报告显示，在工业界，PyTorch 已经超越 TensorFlow 成为最受欢迎的框架；在学术界，PyTorch 也是最常用的框架之一。此外，PyTorch 得到了诸如 Facebook、Microsoft、IBM、Uber 等大型公司和组织的支持和应用。这些公司积极使用和推广 PyTorch,并不断贡献新代码和功能，使得 PyTorch 的生态系统日益完善和强大。

PyTorch 的应用场景非常广泛，涵盖了从图像识别到自然语言处理再到计算机视觉等多个领域。例如，在图像识别领域，PyTorch 可用于训练诸如 ResNet、VGGNet 等图像分类模型；在自然语言处理领域，PyTorch 可用于训练诸如 Bert[67]、Word2Vec[68] 等文本分类模型；在计算机视觉领域，PyTorch 则可用于实现 Faster R-CNN[69] 等视觉推理系统。

4.4.2　PyTorch 的特点

PyTorch 具有以下特点。

（1）简单易用。PyTorch 的 API 设计简单，易于理解和使用，可以快速实现深度学习模型。

（2）动态计算图。PyTorch 使用动态计算图，可以更灵活地构建模型，支持动态变化的计算图，使得模型的设计更加灵活。

（3）高效性能。PyTorch 采用了高效的自动求导机制，可以快速求解模型参数的梯度，并且支持 GPU 加速，可以大大提高训练速度。

（4）社区活跃。PyTorch 拥有庞大的社区，涵盖了丰富的教程、文档和代码示例，可以帮助用户更快地入门和解决问题。

（5）可视化工具。PyTorch 提供了可视化工具，可以帮助用户更好地理解模型的运行情况和效果。

总而言之，PyTorch 可以帮助深度学习开发人员更加轻松、直观地构建神经网络模型，快速迭代模型参数，并加速模型的训练和部署。

◆ 4.5　例　　题

例题 4-1

使用 Caffe 实现手写数字识别，将下载的 MNIST 手写数字数据集转换为 Caffe 可用的 LMDB 格式。构建一个简单的卷积神经网络模型，用于识别手写数字，并对训练过程进行调参，以提高准确率。最后，使用训练好的模型对新的手写数字图像进行识别。

解答：

（1）配置实验所需环境，并导入相应的包。

```
1.  import caffe
2.  import lmdb
3.  import numpy as np
```

（2）设置数据集路径，加载模型和权重。

```
1.  data_path = 'path_to_mnist_lmdb'
2.  model_path = 'path_to_deploy_prototxt'
3.  weights_path = 'path_to_caffemodel'
4.  #加载模型和权重
5.  net = caffe.Net(model_path, weights_path, caffe.TEST)
6.  #设置输入数据的 shape
7.  net.blobs['data'].reshape(1, 1, 28, 28)
```

```
8.  #打开 LMDB 数据集
9.  lmdb_env = lmdb.open(data_path)
10. lmdb_txn = lmdb_env.begin()
11. lmdb_cursor = lmdb_txn.cursor()
12. #逐个读取并预测测试数据
13. correct = 0
14. total = 0
15. for key, value in lmdb_cursor:
16.     datum = caffe.proto.caffe_pb2.Datum()
17.     datum.ParseFromString(value)
18.     label = int(datum.label)
19.     image = caffe.io.datum_to_array(datum)
20.     image = image.reshape(1, * image.shape)
21.     net.blobs['data'].data[...] = image
22.     output = net.forward()
23.     prediction = output['prob'].argmax()
24.     if prediction == label:
25.         correct += 1
26.     total += 1
```

（3）计算准确率。

```
1.  accuracy = correct / float(total)
2.  print("Accuracy: {:.2%}".format(accuracy))
```

例题 4-2

使用 Keras 构建简单的卷积神经网络进行猫、狗图像分类。

解答：

（1）配置实验所需环境，并导入相应的包。

```
1.  import keras
2.  from keras.datasets import cifar10
3.  from keras.models import Sequential
4.  from keras.layers import Conv2D, MaxPooling2D, Flatten, Dense
```

（2）设置数据集路径，加载模型和权重。

```
1.  #加载并准备数据集
2.  (x_train, y_train), (x_test, y_test) = cifar10.load_data()
3.  x_train, x_test = x_train / 255.0, x_test / 255.0
4.  #构建卷积神经网络模型
5.  model = Sequential([
6.      Conv2D(32, (3, 3), activation='relu', input_shape=(32, 32, 3)),
7.      MaxPooling2D((2, 2)),
8.      Conv2D(64, (3, 3), activation='relu'),
9.      MaxPooling2D((2, 2)),
10.     Conv2D(64, (3, 3), activation='relu'),
```

```
11.     Flatten(),
12.     Dense(64, activation='relu'),
13.     Dense(10, activation='softmax')
14. ])
15. #编译模型
16. model.compile(optimizer='adam',
17.               loss='sparse_categorical_crossentropy',
18.               metrics=['accuracy'])
19. #训练模型
20. model.fit(x_train, y_train, epochs=5)
```

（3）计算准确率。

```
1. test_loss, test_acc = model.evaluate(x_test, y_test)
2. print('Test accuracy:', test_acc)
```

例题 4-3

使用 TensorFlow 构建简单的卷积神经网络进行图像分类。

解答：

（1）配置实验所需环境，并导入相应的包。

```
1. import tensorflow as tf
2. from tensorflow.keras import layers, models, datasets
```

（2）设置数据集路径，加载模型和权重。

```
1. #加载并准备数据集
2. (train_images, train_labels), (test_images, test_labels) = datasets.
mnist.load_data()
3. train_images, test_images = train_images / 255.0, test_images / 255.0
4. #增加一个维度,使得图像数据变成四维张量
5. train_images = train_images[..., tf.newaxis]
6. test_images = test_images[..., tf.newaxis]
7. #构建卷积神经网络模型
8. model = models.Sequential([
9.     layers.Conv2D(32, (3, 3), activation='relu', input_shape=(28, 28, 1)),
10.    layers.MaxPooling2D((2, 2)),
11.    layers.Conv2D(64, (3, 3), activation='relu'),
12.    layers.MaxPooling2D((2, 2)),
13.    layers.Conv2D(64, (3, 3), activation='relu'),
14.    layers.Flatten(),
15.    layers.Dense(64, activation='relu'),
16.    layers.Dense(10, activation='softmax')
17. ])
18. #编译模型
19. model.compile(optimizer='adam',
20.               loss='sparse_categorical_crossentropy',
```

```
21.              metrics=['accuracy'])
22. #训练模型
23. model.fit(train_images, train_labels, epochs=5)
```

（3）计算准确率。

```
1.  test_loss, test_acc = model.evaluate(test_images,  test_labels)
2.  print('Test accuracy:', test_acc)
```

例题 4-4

使用 PyTorch 构建简单的神经网络进行手写数字识别。

解答：

（1）配置实验所需环境，并导入相应的包。

```
1.  import torch
2.  import torchvision
3.  import torchvision.transforms as transforms
4.  import torch.nn as nn
5.  import torch.optim as optim
```

（2）设置数据集路径，加载模型和权重。

```
1.  #加载并准备数据集
2.  transform = transforms.Compose([
3.      transforms.ToTensor(),
4.      transforms.Normalize((0.5,), (0.5,))
5.  ])
6.  #定义神经网络模型
7.  class SimpleNN(nn.Module):
8.      def __init__(self):
9.          super(SimpleNN, self).__init__()
10.         self.fc1 = nn.Linear(28 * 28, 128)
11.         self.relu = nn.ReLU()
12.         self.fc2 = nn.Linear(128, 10)
13.     def forward(self, x):
14.         x = x.view(-1, 28 * 28)
15.         x = self.fc1(x)
16.         x = self.relu(x)
17.         x = self.fc2(x)
18.         return x
19. trainset = torchvision. datasets. MNIST ( root = './data ', train = True,
download=True, transform=transform)
20. trainloader = torch. utils. data. DataLoader (trainset, batch_size = 64,
shuffle=True)
21. testset = torchvision. datasets. MNIST ( root = './data ', train = False,
download=True, transform=transform)
22. testloader = torch.utils.data.DataLoader(testset, batch_size=64, shuffle=
False)
```

```
23. #初始化模型、损失函数和优化器
24. net = SimpleNN()
25. criterion = nn.CrossEntropyLoss()
26. optimizer = optim.SGD(net.parameters(), lr=0.01)
27. #训练模型
28. for epoch in range(5):
29.     running_loss = 0.0
30.     for i, data in enumerate(trainloader, 0):
31.         inputs, labels = data
32.         optimizer.zero_grad()
33.         outputs = net(inputs)
34.         loss = criterion(outputs, labels)
35.         loss.backward()
36.         optimizer.step()
37.         running_loss += loss.item()
38.         if i % 100 == 99:      #每100个batch打印一次损失
39.             print('[%d, %5d] loss: %.3f' %
40.                   (epoch + 1, i + 1, running_loss / 100))
41.             running_loss = 0.0
42. print('Finished Training')
```

（3）计算准确率。

```
1.  correct = 0
2.  total = 0
3.  with torch.no_grad():
4.      for data in testloader:
5.          images, labels = data
6.          outputs = net(images)
7.          _, predicted = torch.max(outputs.data, 1)
8.          total += labels.size(0)
9.          correct += (predicted == labels).sum().item()
10. print('Accuracy of the network on the 10000 test images: %d %%' % (100 *
correct / total))
```

◇ 4.6　课后习题

1. 在 Caffe、Keras、TensorFlow 和 PyTorch 等深度学习框架中选择一个，使用网络搜索引擎下载并安装至本地计算机，完成深度学习环境的部署。

2. 在完成深度学习环境部署后，完成一个简易的多层感知机模型。要求：输入维度为 128，中间层维度为 64，输出维度为 10。

3. 在构建好的模型基础上实现训练流程代码。要求：定义一个维度为 100×128 的数据作为输入；损失函数为 Cross Entropy Loss；组大小、学习率、优化器、训练轮数自己定义；终端能输出每个训练轮数的平均损失和平均精度并保存日志文件；能够自动保存精度最高的模型和最后一轮的模型。

深度学习技术的应用

◇ 5.1　图像去噪

5.1.1　图像去噪任务

在数字图像处理中,图像去噪是一项关键任务,它涉及将受到噪声污染的单幅图像恢复到其无噪声的原始状态。噪声是在图像捕获过程中常见的问题,无论是使用相机还是智能手机都难以避免。这种噪声不仅降低了图像的视觉质量,而且还会对后续的计算机视觉任务产生负面影响,例如图像识别、目标检测和图像分割。

在去噪过程中,首先设定一个理想状态,即无噪声图像 x,它代表了图像的最佳和最清晰的状态。如果图像中的每一像素都受到一个噪声偏移 v,那么噪声图像 y 可以通过以下公式表示:

$$y = x + v \tag{5-1}$$

去噪任务的目标是从噪声图像中恢复出干净的图像。然而,仅仅从噪声图像出发,试图还原出无噪声图像,本质上是一个具有无穷多可能解的问题。这种不确定性使得任务复杂而富有挑战性。

传统的去噪方法[70]通常依赖于手工设计的滤波器算子来处理图像中的噪声。这些方法虽然在特定情况下有效,但其表征能力有限,且往往难以应对不同类型的噪声或复杂场景。因此,这些方法在处理更复杂或未知类型的噪声时可能效果不佳。

5.1.2　数据集

1. RENOIR

RENOIR[71]数据集是专为研究在弱光条件下的图像去噪而设计的彩色图像数据集。该数据集独特地包含了自然噪声影响下的图像以及在相同场景下,通过空间和强度对齐得到的低噪声图像。这种数据集的配置极大地便利了去噪算法的开发和测试。

具体来说,RENOIR 数据集包含 120 个低光照场景的图像,每个场景均包含 4 张图片:1 张使用低 ISO 值(ISO 100)和长曝光时间获得的参考图像,2 张使用高 ISO 值但短曝光时间获得的噪声图像,以及 1 张与参考图像相同设置但用于作为干净图像的照片。数据集的样本展示和详细参数如图 5-1 和表 5-1 所示。

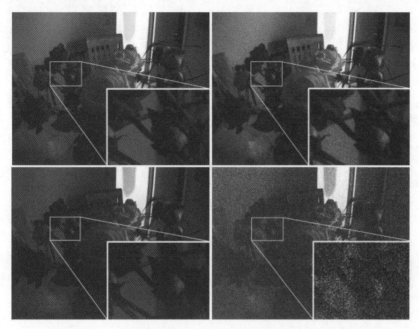

图 5-1　干净和噪声图像对(上)及其对应的蓝色通道示例(下)

表 5-1　每台相机的实际采集参数

相　　　机	参考/干净图像		噪　声　图　像	
	ISO	Time/s	ISO	Time/s
Mi3	100	auto	1.6k 或 3.2k	auto
S90	100	3.2	640 或 1k	auto
T3i	100	auto	3.2k 或 6.4k	auto

2. Nam

在传统的图像处理方法中,噪声通常按颜色通道进行独立建模。在相机捕捉的 RAW 图像中,这种假设是合理的,因为颜色通道被视为相互独立。然而,在相机的内部成像过程中,由于色域映射、色调映射和数据压缩等处理,不同颜色通道的信号实际上可能会发生混合。这种现象表明,简单的独立通道模型可能无法准确描述真实世界中的噪声特性。

Nam[72] 数据集专门设计用于研究这一问题。它展示了相机内部成像流水线如何影响图像中的噪声,并引入了一种创新的三维 RGB 空间噪点模型来解释色彩通道之间的混合。这一模型提供了一个更准确的框架,用于理解和模拟实际成像系统中的噪声行为。

Nam 数据集包括 11 个不同的场景,这些场景通常包含相似的物体和纹理,以便更系统地研究噪声模型。数据集总共包含 500 张 JPEG 格式的图像,每个场景下的图像捕捉了各种噪声条件下的效果。这些样本和其对应的拍摄参数如图 5-2 和表 5-2 所示。

图 5-2　Nam 数据集中的图像样本

表 5-2　每台相机的实际采集参数

相　　机	♯ of Image	ISO	JPEG
Canon 5D Mark Ⅲ	3	3.2k	Fine
Nikon D600	3	3.2k	Normal
Nikon D800	9	1.6k,3.2k,6.5k	Normal

3. PolyU

PolyU[73]数据集由从 40 个不同场景中捕获的图像组成,每个场景中的图像展现出独特的内容和对象。这些图像覆盖了广泛的室内场景和自然景观,图 5-3 展示了数据集中的一些真实世界的噪声图像示例。此外,表 5-3 详细记录了使用的每台相机的具体采集参数。

图 5-3　PolyU 数据集

表 5-3　每台相机的实际采集参数

相　　机	场景	传感器尺寸/mm	裁剪区域	ISO
Canon 5D	10	36×24	29	3.2k，6.4k
Canon 80D	6	22.5×15	15	800，1.6k，3.2k，6.4k，12.8k
Canon 600D	5	22.3×14.9	11	1.6k，3.2k
Nikon D800	12	35.9×24	33	1.6k，1.8k，3.2k，5k，6.4k
Sony A7 Ⅱ	7	35.8×23.9	12	1.6k，3.2k，6.4k

考虑原始捕获图像的尺寸较大，从这 40 个场景中精心选择并裁剪出 100 个 512 像素×512 像素大小的区域，这些区域用于评估不同图像去噪方法的性能。图 5-4 中列出了这些裁剪区域及其对应的参考图像的示例，可以看到，参考图像在视觉质量上明显优于噪声

图 5-4　PolyU 数据集中的参考图像(左)和相应的噪声图像(右)示例

图像,噪声含量较少。由于这种精确的场景选择和详细的参数记录,PolyU数据集为评估和比较各种图像去噪技术提供了一个理想的平台。数据集中各相机的ISO设置覆盖广泛,进一步增强了其在实验研究中的应用价值。

4. SIDD

在21世纪,成像技术经历了显著的变革,特别是从使用数码单反相机和简易相机转变为普遍使用智能手机相机。与传统的数码单反相机相比,由于光圈较小和传感器尺寸有限,智能手机相机捕获的图像通常包含更高水平的噪声。尽管智能手机图像去噪已成为研究领域的一个热点,但迄今为止,研究者们在寻找能够准确代表智能手机摄像头噪声特性的高质量数据集方面仍面临挑战。

为了填补这一空白,Abdelhamed等[74]构建了一种新的智能手机图像去噪数据集(Smartphone Image Denoising Dataset,SIDD)。该数据集使用5款具有代表性的智能手机摄像头,在10种不同的光照条件下,从10个场景中收集了约3万张带噪声的图像,并为每张噪声图像生成了对应的高质量参考图像。这一独特的数据集不仅展示了智能手机摄像头在实际使用中的噪声特性,而且为去噪算法的开发和评估提供了宝贵的资源。图5-5展示了数据集的具体样本,提供了直观的对比,使研究者能够深入分析噪声图像和其去噪后的效果。

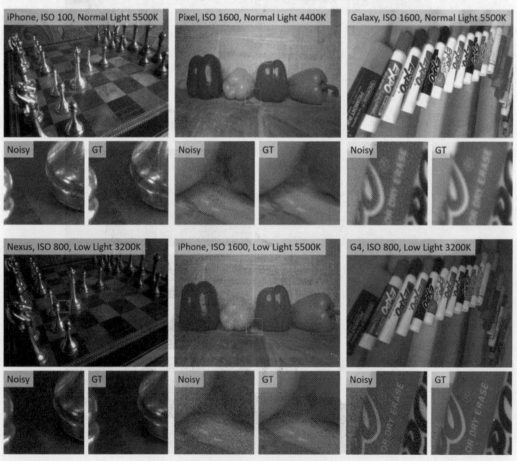

图 5-5　SIDD 数据集的噪声图像示例

5.1.3　经典图像去噪网络

1. 基于卷积神经网络的去噪网络

在图像去噪研究中,一种常见的假设噪声为加性高斯白噪声(Additive White Gaussian Noise,AWGN),其具有特定的标准偏差 σ。从贝叶斯的角度看,图像去噪任务中的先验建模扮演着核心角色。尽管依赖图像先验的去噪方法通常表现出较好的去噪效果,但这些方法大多存在两个显著的缺陷:首先,它们在测试阶段通常需要解决复杂的优化问题,这使去噪过程变得耗时;其次,这些方法的模型通常是非凸的,涉及多个需要人工选择的参数,这增加了去噪的复杂性。

为了解决上述问题,Zhang 等[75] 提出了一种新型的基于卷积神经网络的去噪网络(Denoising Network based on Convolutional Neural Network,DnCNN),如图 5-6 所示。与直接输出去噪后的图像不同,DnCNN 被设计用来预测残差图像,即噪声观察结果与潜在干净图像之间的差异。这意味着,DnCNN 通过隐式移除嵌入在噪声图像中的噪声图来实现去噪,此外,DnCNN 引入了批量归一化技术以稳定网络训练并提高性能。实验结果表明,残差学习和批处理归一化的结合不仅能有效加快训练速度,还能显著提升去噪性能。

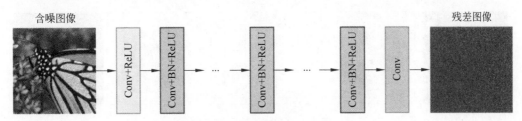

图 5-6　DnCNN 的网络结构

DnCNN 模型是图像去噪领域的一项重要进展,其设计灵感来源于 VGGNet 网络架构[76],并引入了批量归一化和残差学习来加速训练过程并提升去噪性能,模型的具体结构如图 5-6 所示。不同于 ResNet 中的跳跃连接,DnCNN 在网络输出端采用残差学习,以优化训练结果和处理效率。该模型的网络结构包括多个(卷积、BN、ReLU)单元的级联,确保了深层次的非线性处理能力和高效的梯度传播。每个卷积层使用 3×3 的卷积核,步长均设置为 1,以维持输入输出尺寸的一致性。DnCNN 总共包含 17 层卷积,每层卷积均配备 64 个卷积核,这种设计使模型能够深入捕捉图像中的细节和噪声特征,从而实现更精确的噪声去除。

DnCNN 模型的核心任务是从噪声图像中重建干净的图像。不同于传统模型直接输出去噪结果 x,DnCNN 输出的是噪声本身 v。通过这种方法,最终的干净图像是通过从噪声图像中减去估计的噪声来获得的,这一过程可以用 $x = y - R(y)$ 表示,其中,R 为 DnCNN,且 $R(y) \approx v$,这种方法被称为残差学习。残差学习的优势在于它能够直接对噪声进行建模,从而提高去噪过程的准确性和训练的稳定性,并显著提升去噪效果。在训练过程中,DnCNN 采用均方误差作为损失函数,以优化模型性能。对于训练数据 $\{(x_i, y_i)\}_{i=1}^N$,其损失函数定义如下:

$$l(\boldsymbol{\theta}) = \frac{1}{2N} \parallel R(\boldsymbol{y}_i; \boldsymbol{\theta}) - (\boldsymbol{y}_i - \boldsymbol{x}_i) \parallel \qquad (5\text{-}2)$$

其中,$l(\cdot)$ 为损失函数;$\boldsymbol{\theta}$ 是模型的可训练参数;N 为训练数据的样本数;$\boldsymbol{y}_i$ 和 $\boldsymbol{x}_i$ 分别表示第 i 个样本的带噪声图像和干净图像。

2. 快速灵活的去噪卷积神经网络

尽管 DnCNN 取得了良好的图像去噪效果,但它在处理具有空间变化的噪声方面表现出一定的局限性,这限制了其在复杂实际应用场景中的有效性。为了解决这一问题,Zhang 等[77]提出了一种新型的去噪网络——快速灵活的去噪卷积神经网络(Fast and Flexible Denoising Network, FFDNet)。FFDNet 具有处理包含不同噪声级别图像的优越能力,并通过使用可调节的噪声级别图进行操作来增加灵活性,如图 5-7 所示。FFDNet 特别适合处理下采样的子图像,这种方法不仅加快了推理速度,还保持了优异的去噪效果,实现了速度与性能之间的平衡。与现有的去噪技术相比,FFDNet 具备几个显著优势:首先,单个网络能够有效地处理广泛的噪声级别,覆盖从 0~75 的范围;其次,它可以通过设定非均匀噪声级别图来精确地处理具有空间变异的噪声;最后,FFDNet 即使在 CPU 上运行时也能保持快速且降低去噪性能。

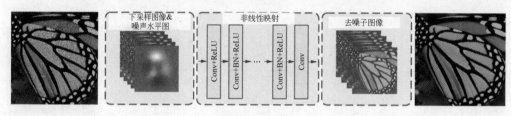

图 5-7 FFDNet 的网络架构

FFDNet 模型以其创新的结构优化图像去噪流程,首先利用一个可逆下采样算子处理输入的噪声图像 $\boldsymbol{y}$,并将其重塑为 4 个下采样的子图像。接下来,模型将这些下采样子图像与可调噪声水平图 $\boldsymbol{M}$ 结合,形成一个维度为 $w/2 \times h/2 \times (4 \times c + 1)$ 的张量 $\tilde{\boldsymbol{y}}$,作为 CNN 的输入。其中,w、h 和 c 分别表示张量 $\tilde{\boldsymbol{y}}$ 的宽、高和通道数。对于噪声水平为 σ,空间不变的加性白高斯噪声,$\boldsymbol{M}$ 通常是一个所有元素值均为固定噪声水平 σ 的均匀图,这使网络能够根据噪声的具体特性调整其处理策略。

CNN 部分包括多个 3×3 的卷积层,每层执行特定的操作以增强模型的学习能力和效率。具体而言,第一个卷积层使用"Conv+ReLU"组合以引入非线性处理,中间层则采用"Conv+BN+ReLU"组合,增加批量归一化以提升训练的稳定性和效率。最后一个卷积层仅包含 Conv,专注于提炼和输出去噪后的特征。

模型在最后一个卷积层后应用一个放大操作,该操作相当于在输入阶段应用的下采样算子的逆过程,以恢复图像到原始尺寸。这一放大步骤确保了输出图像保持与原始噪声图像相同的尺寸,最终生成维度为 $w \times h \times c$ 的清晰、干净图像 $\hat{\boldsymbol{x}}$。

(1) 噪声水平图的应用。

FFDNet 模型借鉴了基于块的去噪方法的思想,即为每个图像块设定特定的噪声水平 σ。为了解决噪声水平和图像尺寸之间的不匹配问题,FFDNet 将噪声水平 σ 扩展至一个完整的噪声水平图 M。在这种设置下,噪声水平图 M 中所有元素均设为相同的噪声级 σ。因此,方程 $x=F(y,\sigma;\Theta)$ 可以改写成 $\hat{x}=F(y,M;\Theta)$,简化了模型的处理流程。此外,对于更复杂的噪声模式,噪声水平图还可以扩展为包含多个通道的退化映射,允许模型处理更多样化的噪声条件。

(2) 子图像去噪策略。

在图像去噪过程中,FFDNet 采用了一种可逆的下采样层,将输入图像重构为多个较小的子图像。通过将下采样因子设为 2,模型在保持图像建模能力的同时显著提高了处理速度。子图像上的去噪是通过 CNN 完成的,最终通过亚像素卷积层逆转下采样过程。这种方法不仅扩展了模型的感受野,提供了更深的网络结构(例如,一个具有 15 层和 3×3 卷积核的网络可达到 62×62 的大感受野),而且相比于普通的 15 层 CNN(仅有 31×31 的感受野),它能更有效地捕获图像中的复杂模式。实际应用表明,进一步增大感受野对于提升去噪性能的边际效益有限。此外,子采样和亚像素卷积的引入也大幅减少了模型的内存需求。

(3) 基于特征注意力机制的真实图像去噪网络。

尽管深度卷积网络在处理具有空间不变性的合成噪声图像方面表现出色,但它们在真实噪声图像上的去噪性能往往受限。为了提高去噪算法的效率和灵活性,并使其能够在噪声标准差已知或未知的情况下处理不同类型的噪声,Wu 等[78]提出了一种真实图像去噪网络(Real Image Denoising Network,RIDNet)。该网络首次在去噪过程中引入特征注意力机制,极大提高了处理真实噪声的能力,如图 5-8 所示。对于输入的噪声图像 x,首先使用一个卷积层提取浅层特征 $f_0=M_e(x)$,其中,$M_e(x)$ 表示对输入图像进行卷积。随后,利用残差模块对 f_0 进行处理,得到残差特征 $f_r=M_{fl}(f_0)$,其中,$M_{fl}(\cdot)$ 由级联的 EAM 构成。尽管网络深度相对较浅,但 RIDNet 通过利用空洞卷积扩大了感受野,从而在不增加过多计算量的前提下,有效地捕获更广泛的上下文信息,这对于复杂的真实场景噪声去噪至关重要。

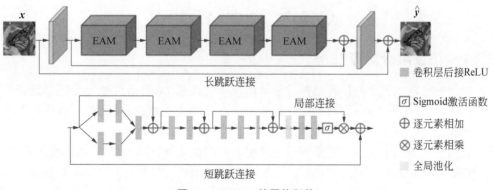

图 5-8　RIDNet 的网络架构

RIDNet 的核心组成包括两个主要模块。

(1) EAM 模块。增强注意力模块(Enhanced Attention Module,EAM)是 RIDNet 中一个关键的组成部分,它结合了残差结构的高效性与局部连接的细节捕捉能力,并利用短跳跃连接以提高信息流通性。每个 EAM 包含多个带有特征注意力的子模块,这些模块共同作用,以提升网络的去噪能力。为了优化性能并避免过度复杂化,整个网络设计中仅包含 4 个 EAM 模块。EAM 的首部涵盖了输入特征的全局感受野,接着对特征进行深度学习,并通过特征压缩以加快处理速度,最后利用特征注意力模块来增加特征图中重要特征的权重。EAM 的第一部分由新颖的合并运行单元实现,其结构如图 5-8 所示。输入特征经过两个空洞卷积后被合并,并通过另一个卷积层进行处理。随后,特征通过一个包含 2 个卷积的残差块进行学习,并由一个包含 3 个卷积层的增强残差块(Enhanced Residual Block,ERB)进行压缩。ERB 的最后一层通过应用 1×1 的卷积核来细化特征。最终,将特征注意单元的输出与 EAM 的输入相加,作为 EAM 的输出。

(2) 特征注意力机制。在图像去噪领域,传统方法并未使用注意力机制对图像进行处理。由于每个通道的特征在图像去噪中具有不同的重要性,因此简单地同等对待所有通道特征往往无法达到最佳效果。为了更好地学习图像的关键内容,研究者引入了注意力机制,以针对不同通道的特征分别生成注意力权重。图像通常包含低频区域(即平滑或平坦区域)和高频区域(即边缘和纹理),由于卷积层擅长捕获局部信息,缺乏全局上下文信息的学习能力,因此使用全局平均池化来计算整个图像的统计信息 $GP = 1/h \times w \sum_{i=1}^{h} \sum_{i=1}^{w} f_c(i,j)$,其中 f_c 为最后一个卷积层的输出特征,h 和 w 分别为特征图的高和宽。全局平均池化将特征图维度由 $h \times w \times c$ 变为 $1 \times 1 \times c$,随后采用软收缩和 Sigmoid 函数来实现门控机制 $r_c = \alpha(H_U(\delta(H_D(GP))))$,其中,$H_U$ 和 H_D 分别为通道缩减和通道上采样算子,δ 和 α 分别为软收缩和 Sigmoid 算子。此外,为了进一步优化注意力机制的效果,研究者采用了软收缩和 Sigmoid 函数实现门控机制。这里涉及两个关键操作:通道缩减和通道上采样。软收缩操作有助于压缩数据维度并减少噪声,而 Sigmoid 函数则用于调节通道间的重要性,使模型能够更加聚焦于关键特征。通过这种方法,特征注意力机制能够显著提升图像去噪的性能,实现对图像细节的精细处理。

5.2 图像超分辨率

5.2.1 图像超分辨率任务

图像超分辨率任务是计算机视觉领域的一项关键任务,它通过技术手段显著提升图像的分辨率,实现更清晰、更精细的视觉效果。在技术实现方面,图像超分辨率任务通常依赖于深度学习技术。通过训练深度神经网络,这些方法能够学习如何从低分辨率图像中恢复高分辨率图像。这个过程不仅包括复杂的图像处理技术,还涉及对图像的像素、纹理、色彩等多层次信息的深入分析与处理。此外,图像超分辨率技术在多个应用场景中表现出广泛的实用性,包括安防监控、医疗影像分析、遥感图像处理以及智能交通系统等。在这些领域,提高图像的清晰度和分辨率不仅可以增强视觉效果,还能帮助专业人员更精准地识别和解读图像内容,从而在各种实际应用中发挥重要作用。

5.2.2 数据集

1. DIV2K

DIV2K[79]数据集源自 NTIRE2017 和 NTIRE2018 超分辨率挑战赛,目前已成为图

像超分辨率研究领域中最广泛使用的数据集之一。该数据集包括 800 张训练图片、100
张验证图片和 100 张测试图片,每张图片均为 2K 分辨率。具体样例如图 5-9 所示。

图 5-9　DIV2K 样例

2. DF2K

DF2K 数据集是由 DIV2K 和 Flickr2K 合并得到的数据集。Flickr2K 数据集包含
2650 张具有 2K 分辨率的图片。DF2K 样例如图 5-10 所示。

图 5-10　DF2K 样例

3. DF2K_OST

DF2K_OST 数据集是由 DF2K 和 OST 合并得到的数据集。DF2K_OST 样例如图 5-11
所示。

DIV2K

Flickr2K

OST

图 5-11　DF2K_OST 样例

4. 常用基准数据集

在测试图像超分辨率性能时,研究者常用的标准基准数据集包括 Set5、Set14、Urban100[80]、BSDS100[81] 以及 Manga109[82] 等。这些数据集被广泛用于评估和比较不同超分辨率方法的效果。下面是这些数据集的详细介绍。

Set5 数据集:包括 5 张图像,涵盖了多种主题和内容,如 baby、bird、butterfly、head 和 woman。

Set14 数据集:由 14 张图像组成,包含动物、人物、自然风景和城市场景等,如 baboon、barbara、bridge 以及 coastguard 等。

Urban100 数据集:特点是包含 100 张城市环境中的建筑场景,突出了城市结构的细节和复杂性。

BSDS100 数据集:由 100 张多样的图像组成,范围从自然景观到具体的物体,如植物、人物和食物等。

5.2.3　主流图像超分辨率网络

1. 基于注意力机制的超分辨率网络

超分辨率网络(Super-Resolution,SR)是一种专为图像超分辨率任务设计的深度神经网络。在提高 SR 性能的常见策略中,扩展网络的宽度或深度是直接有效的途径,但会增加模型的复杂性。以非常宽的 SR 网络 EDSR[83] 为例,它不仅展示了网络深度对于 SR 性能的影响,同时也指出了通过简单增加残差块来构建更深的 SR 网络并不一定能带来更佳的性能。此外,传统的 SR 方法通常统一处理不同通道的特征图,忽略了不同通道之间在特征信息上的差异。部分通道可能包含对图像重建至关重要的信息,而其他通道的信息可能是无效的,甚至可能对图像重建产生负面影响。

　　为了解决上述问题,Zhang 等[84] 提出了残差通道注意力网络(Residual Channel Attention Network,RCAN)。RCAN 通过深层网络结构提取低分辨率图像中的底层和顶层特征信息,同时利用通道注意力机制自适应地学习每个通道的权重,从而精细化处理每个通道的特征,优化图像超分辨率的整体性能。这种方法不仅提高了模型的表现力,也增加了网络对细节的重建能力,为图像超分辨率技术的发展开辟了新的路径。

　　RCAN 主要包括 5 部分:浅层特征提取层、残差内残差(Residual in Residual,RIR)、深度特征提取层、上采样模块和重建模块。RCAN 采用 ReLU 作为激活函数,以增强非线性处理能力。RCAN 的总体架构图及残差通道注意力模块(Residual Channel Attention Block,RCAB)如图 5-12 和图 5-13 所示。

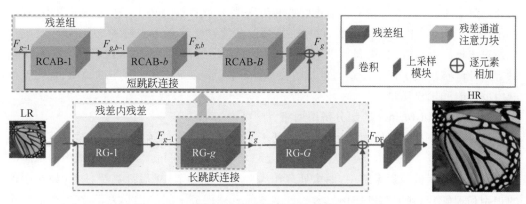

图 5-12　RCAN 的总体架构

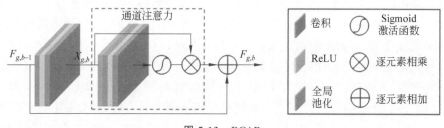

图 5-13　RCAB

　　在 RIR 结构中,核心组件为残差组(Residual Group,RG),这些残差组通过长跳跃连接(Long Skip Connection,LSC)相互串联。每个残差组内部由多个 RCAB 组成,这些模块通过短跳跃连接(Short Skip Connection,SSC)实现内部连接。每个 RCAB 包括一个简单的残差块和一个通道注意力(Channel Attention,CA)机制,后者负责调整通道间权重,以优化网络对重要特征的响应能力。

　　(1)残差内残差。RIR 由若干残差组构成,每个残差组包括多个残差通道注意力模块。在连接方式上,每个残差组外部通过一个长残差连接进行连接,而每个残差通道注意力模块外部则通过一个较短的残差连接进行连接。残差通道注意力模块内部还设有更细小的残差连接,共同构成了一个复杂的残差中的残差结构。这种设计的优势在于,长短残差连接结合能有效传递低分辨率图像中的低频信息,通过恒等映射直接连接到输出,这不仅简化了信息的传递路径,也减少了训练过程中梯度消失的风险。因此,RIR 使得构建极其深层的网络成为可能,甚至可以实现超过 400 层的网络深度。

(2) 残差通道注意力模块。RCAB 引入了一种基于残差的通道注意力机制来优化特征处理。该模块的工作流程通过两种跳跃连接实现,以增强特征信息的传递和加工。如图 5-13 所示,第一个跳跃连接直接将输入特征传递至后续层,实现特征的直接累加。第二个跳跃连接则更为复杂,它首先通过卷积层处理特征,随后应用通道注意力操作。这一过程的核心是对特征进行深入学习,以生成通道注意力权重,这些注意力权重随后与后续层的输出相结合。通道注意力权重的生成过程开始于全局池化操作,该操作将通道特征转换成一个通道描述向量。这个描述向量随后通过通道缩放操作进行处理,这包括下放缩和上放缩步骤,以学习并增强通道间的相互关系。值得注意的是,在这一过程中,选用 Sigmoid 和 ReLU 作为激活函数,以增加模型的非线性学习能力。最终,这一处理流程产生通道统计向量,该统计向量将与输入的原始通道数据相乘,从而得到调整后的通道信息。这种调整反映了通道注意力机制的核心,即通过细致调整每个通道的贡献,优化整体网络的性能和输出质量。

2. 基于 Transformer 的超分辨率网络

随着现代硬件计算能力的迅速提升,基于大规模数据集的预训练深度学习模型已经在多个领域超越了传统方法。这一成就主要归功于 Transformer 及其衍生架构的卓越表示能力。在计算机视觉系统中,图像处理作为一个基础环节,对后续高级任务(如对图像的识别和理解)起到了关键作用。鉴于许多图像处理任务之间的相互关联,在一个数据集上预训练的模型应能在处理另一数据集时提供帮助。尽管如此,将预训练模式扩展到图像处理任务中的研究仍然较少。要有效地将预训练策略应用于图像处理领域,目前面临两个主要挑战。首先,任务特定的数据受到限制,各种不一致的因素,如摄像头参数、照明条件和天气变化,都可能影响训练数据的分布。其次,由于在实际应用之前通常不清楚将处理何种具体的图像任务,因此需要开发能够适应各种任务的灵活图像处理模块。

在此研究背景下,Chen 等[85] 提出了一种新型的预训练图像处理转换器(Image Processing Transformer,IPT)模型。该模型采用了一个独特的"多头多尾共享躯干"网络结构,通过不同的"头"和"尾"来适应多种图像处理任务。此外,模型还融入了对比学习机制,以提升图像处理效果。

IPT 模型的结构如图 5-14 所示,主要包含 4 部分:Transformer 头、Transformer 编码器、Transformer 解码器和 Transformer 尾。在这一结构中,Transformer 头主要负责从输入的退化图片中提取初步特征;Transformer 编码器-解码器则着力于恢复这些特征中丢失的信息;最后,Transformer 尾部将处理后的特征映射回原始图像的形式。这样的设计不仅提高了模型的灵活性,也优化了其在不同任务间的适应能力和性能。

(1) Transformer 头采用多个头分别处理不同的任务,每个头由 3 个卷积层组成。输出特征的空间维度(H,W)保持不变,通道数 C 增加至 64。

$$y_0 = [E_{p_1} + f_{p_1}, E_{p_2} + f_{p_2}, \cdots, E_{p_N} + f_{p_N}]$$

$$\boldsymbol{q}_i = \boldsymbol{k}_i = \boldsymbol{v}_i = \mathrm{LN}(y_{i-1})$$

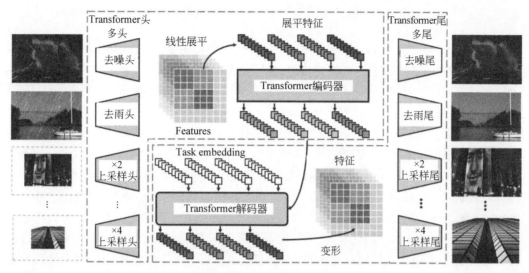

图 5-14　IPT 模型的结构

$$y'_i = \text{MSA}(\boldsymbol{q}_i, \boldsymbol{k}_i, \boldsymbol{v}_i) + y_{i-1}$$
$$y_{i-1} = \text{FFN}(\text{LN}(y'_i)) + y'_i \quad i = 1, 2, \cdots, l$$
$$[f_{E_1}, f_{E_2}, \cdots, f_{E_N}] = yl \tag{5-3}$$

其中，E_{p_N} 和 f_{p_N} 分别表示输入特征经过位置嵌入和特征提取后的特征表示；p_N 表示第 N 层的卷积特征；$\boldsymbol{q}_i$、$\boldsymbol{k}_i$ 和 $\boldsymbol{v}_i$ 分别表示第 i 层的查询向量（Query）、键向量（Key）和值向量（Value）；LN($\cdot$)表示层归一化层；y_{i-1} 为第 $i-1$ 层的输出特征；MSA 为多头自注意力机制；FFN 表示前馈神经网络；yl 表示经过 l 层处理后，最终得到的输出特征；[$\cdot$]为拼接操作。

（2）在 Transformer 编码器中，输入维度为 $H \times W \times C$ 的特征首先被划分为维度为 $N \times (P^2 \cdot C)$ 的多个特征块，其中 $N = H \times W / P^2$，P 代表每个特征块的大小，H、W、C 分别为特征图的高、宽、通道数。类似于原始 Transformer，编码器也引入了位置编码，以赋予每个输入块唯一的位置信息。不同于传统的 Transformer，这里的位置编码是可学习的，可使模型能够更好地适应不同的数据特征。编码器的计算过程遵循标准 Transformer 架构，包括多头自注意力机制和前馈网络。具体如式(5-3)所示。首先添加位置编码，增强模型对输入数据位置的敏感性。接下来，根据输入计算 Query、Key、Value，这是自注意力机制的核心部分。随后使用多头自注意力处理上述值，通过元素级加和及规范化步骤进行优化。最后，数据流通过一个前向网络，再次进行元素加和及规范化处理。整个过程重复 L 次，以深入提取和处理特征，保证输出向量的维度与输入保持一致。

$$z_0 = [f_{E_1}, f_{E_2}, \cdots, f_{E_N}]$$
$$\boldsymbol{q}_i = \boldsymbol{k}_i = \text{LN}(z_{i-1}) + E_t$$
$$\boldsymbol{v}_i = \text{LN}(z_{i-1})$$
$$z'_i = \text{MSA}(\boldsymbol{q}_i, \boldsymbol{k}_i, \boldsymbol{v}_i) + z_{i-1}$$
$$\boldsymbol{q}'_i = \text{LN}(z'_i) + E_t, \boldsymbol{k}'_i = \boldsymbol{v}'_i = \text{LN}(z_0), \quad i = 1, 2, \cdots, l$$
$$z''_i = \text{MSA}(\boldsymbol{q}'_i, \boldsymbol{k}'_i, \boldsymbol{v}'_i) + z'_i$$

$$z_i = \text{FFN}(\text{LN}(z''_i)) + z''_i$$

$$[f_{D_1}, f_{D_2}, \cdots, f_{D_N}] = yl \tag{5-4}$$

其中,f_{E_N} 表示与第 N 个输入图像块相关的特征,包含位置编码和特入特征的组合;z_{i-1} 表示第 $i-1$ 层的输出;E_i 表示位置编码,用于修正特征向量;f_{D_N} 表示经过多次自注意力机制和前馈网络处理后的第 N 个深度特征分量;yl 为最终输出特征。

(3) Transformer 解码器沿用了原始 Transformer 结构,包括两个多头自注意力机制和一个前向网络。与原版的关键区别在于,解码器引入了一个特定任务嵌入作为额外输入,这个向量专门用于处理不同的图像任务,具体维度为 $P^2 \times C$。整个解码过程如式(5-4)所示。首先,解码器接收来自 Transformer 编码器的输出。接下来,在第一个多头自注意力机制中,计算 Query、Key、Value,其中特定任务嵌入仅用于调整 Query 和 Key 的生成。此后,通过元素加和及规范化处理,完成第一个多头自注意力机制的运算。第二个多头自注意力机制再次进行 Query、Key、Value 的计算,此处特定任务嵌入只影响 Query。经过第二个多头自注意力机制处理后,数据同样经过元素加和及规范化。数据最后流向前向网络,完成最后一轮的元素加和及规范化处理。该过程重复进行,直至满足特定的迭代次数。输出的维度与输入保持一致为 $N \times (P^2 \cdot C)$,最终将数据维度转换为 $H \times W \times C$。

(4) 在 Transformer 的架构中,尾部(或输出部分)是为了处理具体的任务而设计的,与输入部分相对应。这一部分由多个尾部组成,每个尾部针对不同的任务进行特定的处理。每个尾部各自接收来自解码器的输出特征,这些特征的维度为 $H \times W \times C$,并将其转换为适合具体应用需求的新维度 $H' \times W' \times C$。这里的 $H' \times W'$ 的具体值由具体的任务来确定。以图像超分辨率为例,特别是在进行 2 倍超分辨率处理时,Transformer 的尾部通常利用亚像素卷积层。这种层通过对特征图的亚像素级重排列,使得输出的图像分辨率得到增加,其中 H' 和 W' 分别是原始高度 H 和宽度 W 的 2 倍。

3. 基于 Swin Transformer 的图像复原网络

图像复原是一项复杂的底层视觉问题,其目标是从低质量图像中恢复出高质量图像。这些低质量的图像可能因缩放、噪声或压缩而损失了原有细节。在视觉 Transformer 被提出之前,尽管传统的 Transformer 模型已在机器翻译等一维序列处理任务中取得显著成效,但其在视觉任务中的应用仍存在困难,因此图像复原领域主要依赖于卷积神经网络。无论是基于 CNN 还是基于 ViT 的图像复原方法都面临着特定的挑战。使用 CNN 时,图像与卷积核之间的交互往往与内容无关,这意味着同一卷积核在处理不同区域的图像时可能无法达到最佳效果。此外,CNN 擅长处理局部信息,对于需要捕获长距离依赖的场景不够有效。而采用 ViT 进行图像复原时,尽管能够捕捉更广泛的图像上下文信息,但也可能带来一些问题,例如恢复的图像边缘可能出现伪影,或是图像块的边缘像素丢失等。

为了克服图像复原中常见的挑战,Swin Transformer[59] 采用了一种创新的局部注意力机制,这种机制有效结合了卷积神经网络和 Transformer 的优点。在此基础上,Liang 等进一步提出了一种高效的基于 Swin Transformer 的图像恢复(Swin Transformer for Image Restoration,SwinIR)模型,如图 5-15 所示。SwinIR 模型分为 3 个主要部分:浅层特征提取模块、深层特征提取模块和高质量图像重建模块。其中,深层特征提取模块由若干残差 Swin Transformer 模块(Residual Swin Transformer Block,RSTB)构成。每个

RSTB 包含多个 Swin Transformer 层和一个残差连接,这样的设计旨在增强模型的学习能力,同时保持图像内容的完整性。

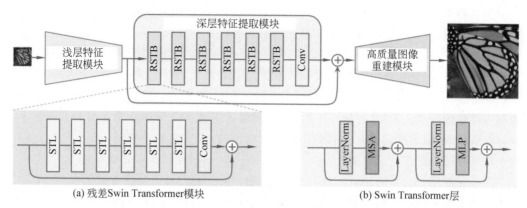

图 5-15　SwinIR 网络结构图

(1) 浅层与深层特征提取模块。在 SwinIR 模型中,特征提取分为浅层和深层两个阶段。浅层特征提取模块首先通过一个 3×3 的卷积层 H_{SF} 来提取输入图像的浅层特征 F_0。这些特征主要包含图像的低频信息,为后续的深层处理奠定基础。接着,浅层特征 F_0 被送入深层特征提取模块 H_{DF},获得更深层的特征 F_{DF}。深层特征提取模块包含 K 个 RSTB 和一个 3×3 卷积,专门用于提取和恢复图像中的高频信息。SwinIR 还采用了一个长距离连接,直接将浅层特征的低频信息传递给图像重建模块。这种设计帮助深层特征提取模块集中精力处理丢失的高频信息,并稳定整个训练过程。在具体应用中,如图像超分辨率任务,SwinIR 通过亚像素卷积层上采样特征,实现高分辨率图像的重建。而在图像去噪等其他任务中,则通常采用带有残差的卷积操作来优化图像质量。

(2) Swin Transformer 模块。Swin Transformer 模块构成了 SwinIR 的核心,它对标准 Transformer 的多头注意力机制进行了创新性的改进,特别是在局部注意力和移动窗口机制方面。如图 5-15(b) 所示,对于输入数据维度为 $H\times W\times C$ 的特征图(其中 H 为行数,W 为列数,C 为通道数),Swin Transformer 首先将输入数据划分为若干 $M\times M$ 大小的不重叠局部窗口。这种划分降低了计算复杂度,每个窗口的新维度变为 $(HW/M^2)\times M^2\times C$,其中 HW/M^2 表示窗口总数。在这种结构下,模型针对每个独立窗口计算局部注意力。这一过程涉及查询、键和值的计算,分别为 $\boldsymbol{Q}=\boldsymbol{X}\boldsymbol{P}_Q$,$\boldsymbol{K}=\boldsymbol{X}\boldsymbol{P}_k$,$\boldsymbol{V}=\boldsymbol{X}\boldsymbol{P}_v$(其中 $\boldsymbol{X}$ 为降维后的数据,且 $\boldsymbol{X}\in M^2\times C$,$\boldsymbol{P}_Q$、$\boldsymbol{P}_k$、$\boldsymbol{P}_v$ 是跨不同窗口共享的投影矩阵)。每个窗口的注意力得分可以通过 $\text{Attention}(\boldsymbol{Q},\boldsymbol{K},\boldsymbol{V})=\text{Softmax}(\boldsymbol{Q}\cdot\boldsymbol{K}/\sqrt{d}+B)\boldsymbol{V}$(其中 B 是可学习的相对位置编码,d 是矩阵 $\boldsymbol{Q}_k$ 的维度)计算得出,该公式确保了信息的有效聚集并减少了计算资源的消耗。

◆ 5.3　图 像 识 别

5.3.1　图像识别的概念

图像识别通常也被称为图像分类,是计算机视觉领域的基础研究问题之一,同时也是众多应用领域的核心技术。从数学的角度看,这一任务可以被定义为将原始图像数据映射到类别标签的问题。具体而言,给定一幅图像,图像识别模型的任务是识别出该图像属于预定义的类别集合中的哪一类。自20世纪末以来,图像识别技术已经取得了显著的研究和应用进展,这种进展随着深度学习技术的发展而日益显著。早期的图像识别方法主要依赖于手工特征提取和简单的分类器来进行图像分析。然而,随着深度学习技术的引入和发展,现代图像识别方法能够直接从原始像素中学习复杂的特征表示,从而极大提高了识别精度和效率。这一技术的转变极大提升了图像识别的性能,使其在多个领域中成为不可或缺的工具。例如,在医疗诊断领域,图像识别技术帮助医生更准确地诊断疾病;在自动驾驶领域,它提供了车辆周围环境的准确信息;在安全监控领域,图像识别技术则用于监测和防范潜在的安全威胁。

随着深度学习技术的持续发展和完善,图像分类的能力已经实现了显著提升,对多个领域产生了革命性的影响。例如,在医疗影像分析中,图像识别技术被广泛用于识别各种疾病标志,包括在X光、磁共振成像和计算机体层成像扫描中检测肿瘤或其他异常。这些技术的应用大大提高了医生的诊断速度和准确性,从而改善了治疗效果和患者的生存率。在自动驾驶技术中,图像识别是用于识别道路上的行人、车辆和交通标志的关键技术。这对于确保自动驾驶汽车的安全行驶至关重要,有助于减少交通事故和保障道路安全。同时,在安全监控领域,图像识别技术被用于检测可疑活动或个体,增强了公共场所的安全并在预防犯罪活动中扮演了重要角色。在生态研究和环境监测领域,图像识别技术支持了对野生动植物种群的自动识别和监测,对评估生态系统的健康状况提供了重要信息。在社交媒体上,这一技术用于自动标记图片内容,使用户能更好地组织和搜索图片。此外,图像识别在个性化广告和内容推荐中也显示了其价值,同时还改善了通过图片搜索产品的消费者体验,提升了购物的便捷性和互动性。

总体而言,图像识别技术正逐步成为推动多个行业发展的关键驱动力,不断地拓宽人类对这个世界的认知和互动方式。随着技术的持续进步,可以预期在更多领域看到其创新应用,为社会带来更广泛和深远的变革。

5.3.2　常用图像分类数据集

数据集在机器学习领域扮演着至关重要的角色,不仅提供了模型训练的基础,而且也是评估算法性能的基准。接下来,将详细探讨几个在图像分类研究中广泛使用且具有重要意义的数据集。

MNIST 数据集[86]:在图像分类领域,MNIST 数据集被认为是最基本且最经典的数据集之一。它包含6万张训练图像和1万张测试图像,这些图像都是关于手写数字的灰度图,每张图像的分辨率为28×28像素。由于其结构的简单性和涉及问题的广泛性,MNIST 数据集经常被用作图像分类和机器学习初学者评估算法性能的关键工具。

CIFAR-10 和 CIFAR-100 数据集[87]:CIFAR 系列数据集由加拿大高级研究院创建,提供了两个不同的图像分类挑战。CIFAR-10 包含6万张图像,分为10类,每类包含6000张图像。相对而言,CIFAR-100 虽然也包含6万张图像,但这些图像被分为100个类别,每类有600张。所有图像均为32×32像素的彩色图像。这些特性使得 CIFAR 数据集成为评估深度学习模型在处理较为复杂的图像识别任务时性能的理想选择。

ImageNet 数据集[88]：在深度学习和计算机视觉领域，ImageNet 数据集扮演了极其重要的角色。由斯坦福大学教授李飞飞及其研究团队创建，这一庞大的数据集包含超过 1400 万张经过标注的图像，涵盖数千个类别。这些图像是从互联网上收集的，并经过详细的人工标注，涵盖了广泛的场景、物体和概念。作为计算机视觉研究的基石，ImageNet 数据集在训练和测试先进的图像识别系统方面起到了至关重要的作用。特别是在深度学习技术发展迅速的今天，它已成为评估多项重大研究成果和突破性算法的重要基准。

Fashion-MNIST 数据集[89]：作为传统 MNIST 数据集的现代替代品，Fashion-MNIST 提供了 7 万张来自 10 个类别的灰度图像，每张图像的分辨率为 28×28 像素。这些类别涵盖了各种服装和鞋类，使该数据集更加贴合实际的商业和零售场景。

CUB-200-2011 数据集[90]：该数据集专注于细粒度图像识别，包含 200 种不同鸟类的大约 11 788 张图像。其特点在于除了提供图像的类别标签，还详细标注了图像中的鸟的部位，如头部和翅膀的位置，使其成为研究和开发细粒度分类算法的理想资源。

Oxford Flowers 数据集[91]：该数据集由牛津大学创建，专注于花卉图像的分类，包含 102 种不同的花卉，总共 8189 张图像。每种花卉都有多张样本图像，为测试和改进自然物体分类算法提供了极好的平台。

Stanford Dogs 数据集[92]：该数据集由斯坦福大学的研究人员创建，包含 20 580 张来自 120 个不同犬种的狗的图像。这些图像主要来源于网络，展示了多种姿态和背景。与 CUB 数据集类似，Stanford Dogs 数据集也经常用于细粒度图像分类研究，提供了丰富的种族特征信息。

Stanford Cars 数据集[92]：该数据集由斯坦福大学的研究人员创建，此数据集的主要目的是提供一个标准的测试平台，用于车辆的识别和分类。它包含 16 185 张汽车的图像，这些图像分布在 196 个类别中，每个类别代表 1960—2012 年的一个特定汽车型号。这个数据集广泛用于汽车识别和分类研究，特别强调车辆外观上的细节差异。

Food-101 数据集[93]：该数据集由瑞士苏黎世联邦理工学院的研究人员创建，旨在推动食物图像的识别和分类技术。该数据集包含 10.1 万张图像，分为 101 类食物，涵盖从传统美食到快餐的广泛类别，反映了多样化的饮食文化。Food-101 数据集的主要目的是识别和分类不同类型的食物图像，这在烹饪推荐系统、营养追踪应用和餐饮服务自动化等领域中有着重要应用。

以上数据集在图像分类领域扮演了独特且关键的角色，为深度学习算法的发展和完善提供了坚实的基础。这些数据集不仅支持算法测试和验证，还促进了相关技术的创新和应用。

5.3.3　经典图像分类算法

在图像分类领域，ResNet[34] 和 ViT[58] 分别代表了深度神经网络发展的关键进展方向。ResNet 是深度神经网络发展历程中的一个重要里程碑，它不仅启发了后续网络设计的多种创新，还为未来的研究提供了坚实的基础。与此同时，ViT 展示了将自然语言处理中的先进 Transformer 技术应用于视觉任务的巨大潜力，开启了新的研究方向。接下来的章节将重点探讨这些技术在视觉领域的具体应用,特别是它们在图像分类任务中的实际效果和应用场景。

1. ResNet 在图像分类领域的应用

在深度学习领域,ResNet 的创新之处在于其残差单元的设计。这种设计允许每一层网络学习一个增量函数,这是一种巧妙的策略,用于解决深层网络训练中常见的梯度消失或梯度爆炸问题。因此,这一设计使得数百甚至数千层网络的训练成为可能。特别是在图像分类任务上,ResNet 已经展示了卓越的性能。在 2012 年的 ImageNet 大规模视觉识别挑战赛中,ResNet 以其突破性的技术夺得冠军,将图像分类的准确率推至新的高度。

如图 5-16 所示,在深度学习的应用中,不同层次的网络结构负责捕获图像的不同特征层级。浅层网络主要学习图像的基础特征,例如角点和纹理信息。相对地,深层网络则能识别更为复杂和高维的特征,如图像中的面部结构,包括鼻子和眼睛等。在进行图像分类任务时,网络的末端通常会加入一个全连接层,其维度与模型需要识别的类别总数相对应。在 ResNet 的结构中,输入图像通过网络层的处理被转换为高维的特征表示。这些高维特征随后通过全连接层映射为一个 n 维的输出向量。为了得到每个类别的预测概率,使用 Softmax 归一化函数对这个输出向量进行处理。该函数确保所有类别的预测概率之和为 1,同时每个类别的概率值位于 0~1,从而有效地完成分类任务。

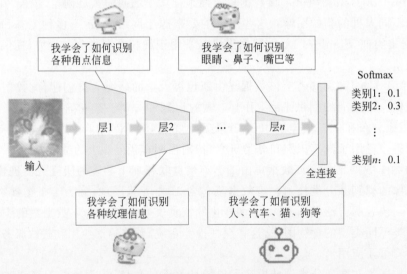

图 5-16　图像分类任务示意图

在使用 ResNet 进行图像分类任务的过程中,特征提取和全连接层的映射只是初步步骤。接下来,模型训练成为了关键环节。在训练阶段,损失函数扮演着至关重要的角色,它用于评估模型的预测效果。对于图像分类任务而言,交叉熵损失函数尤其适用。该函数能有效地量化实际类标与预测类标之间的差异,因此在分类问题中得到了广泛的应用。通过优化这一损失函数,模型能够逐步调整其参数,以提高分类的准确性。交叉熵损失函数 L 可以表示为

$$L = -\sum_{i=1}^{n} y_i \log(\hat{y}_i) \tag{5-5}$$

其中,y_i是真实标签的独热(one-hot)编码,$\hat{y}_i$是模型预测的概率分布。通过最小化这个损失函数,ResNet能够调整其参数以提高预测的准确性。

在模型训练过程中,反向传播是一种核心策略,用于计算神经网络中损失函数相对于模型参数的梯度。通过这些梯度可以更新网络的权重,通常采用随机梯度下降或其变种来实现。在具体操作中,网络的权重根据损失函数的梯度和设定的学习率进行调整,目的是减少在后续训练迭代中的预测误差。ResNet的设计在这一过程中发挥了关键作用,尤其是其残差连接,这一特性帮助梯度直接流经深层网络,有效防止了梯度消失的问题,这在深度网络中尤为常见。这种结构设计保证了网络即使在较深的层也能接收到梯度信息,从而进行有效的更新和学习。通过这一连续的训练流程,包括前向传播以获得预测输出、计算损失以及通过反向传播进行权重更新,ResNet可以逐步学习并优化其在图像分类任务上的性能。随着训练的深入,模型在处理复杂的图像数据集时将展现出越来越高的准确率。

2. Vision Transformer 在图像分类领域的应用

Transformer的设计初衷是应对自然语言处理领域中,传统循环神经网络及其变体处理长距离依赖问题时面临的挑战。Transformer的自注意力机制赋予了模型能够直接对输入数据中任意两点间的依赖关系进行建模的能力,从而显著提高了处理长序列数据的效率和准确性。如图5-17所示,Vision Transformer(ViT)延续并发展了这一设计理念。通过将图像分割成一个个大小相同的小块并转换为序列数据,同时结合注意力机制,ViT成功实现了比传统卷积神经网络更广阔的全局感受野。在ImageNet1K数据集上,ViT达到了令人瞩目的88.55%的准确率,这一成绩不仅刷新了先前基于卷积神经网络的纪录,也展示了其在图像处理方面的巨大潜力。

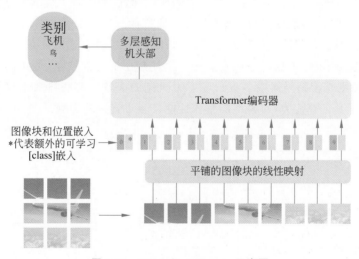

图 5-17　Vision Transformer 示意图

在深度学习领域,Transformer架构的设计初衷是解决自然语言处理中遇到的一系列挑战,特别是传统循环神经网络及其变体在处理长距离依赖关系时的不足。Transformer的核心特征——自注意力机制,使模型能够直接对输入数据中任意两个点间的依赖关系进行精确建模,极大提升了处理长序列数据的效率与准确性。例如,视觉

Transformer 模型继承并发展了这一理念,通过将图像切割成等大小的图像块,并将这些图像块转换成序列形式以利用注意力机制,ViT 显著增强了模型对全局信息的处理能力。

如图 5-17 所示,ViT 将输入图像分为多个图像块,再将每个图像块映射为固定长度的向量送入 Transformer 编码器,其中还需要添加一个专门用于分类的特殊向量[class],并对所有输入向量添加一个位置编码,即 $[x_{class};x_p^1E;x_p^2E;\cdots;x_p^NE]$。经过 L 层编码器处理后的[class]向量最终被送入一个多层感知机,从而产生最终的识别结果 y:

$$z_0=[x_{class};x_p^1E;x_p^2E;\cdots;x_p^NE]+E_{pos},E\in R^{(P2\cdot C)\times D},E_{pos}\in R^{(N+1)\times D} \tag{5-6}$$

$$z'_l=MSA(LN(z_{l-1}))+z_{l-1},\quad l=1,2,\cdots,L \tag{5-7}$$

$$z_l=FFN(LN(z'_l))+z'_l,\quad l=1,2,\cdots,L \tag{5-8}$$

$$y=Head(z_l^0) \tag{5-9}$$

其中,z_0 表示输入 Transformer 的初始向量;x_{class} 为特殊的分类向量,用于表征输入图像的整体类别信息;x_p^N 表示第 N 个图像块的向量表示;E 为图像块的嵌入矩阵;E_{pos} 表示位置编码;z'_l 和 z_l 分别表示第 l 层多头自注意力机制和前馈神经网络的输出;z_l^0 表示经过 L 层 Transformer 编码器处理后的分类向量;Head 为多层感知机;y 为模型最终输出的类别。LN 表示层归一化;MSA 表示多头自注意力;FFN 表示前馈神经网络。ViT 的分类头主要由层归一化和一个线性层组成,其中线性层的输出维度与目标分类的类别数相匹配。ViT 的设计中还包含一种特殊的标记向量,该标记向量在输入序列的最开始添加,并在整个模型的传递过程中一直保持,目的是通过一个综合的特征表示来捕捉图像的全局信息。在模型的最终输出阶段,只有这个标记向量的输出被用来进行分类预测。

此外,视觉 Transformer 拥有 3 种不同的模型配置,如表 5-4 所示。这些配置参数包括深度、隐藏层维度、多层感知机大小,以及头部数量。具体来说,深度是指 Transformer 编码器中重复的层数;隐藏层维度是通过嵌入层处理后,每个输入向量的尺寸;多层感知机大小指的是编码器中前馈神经网络第一个全连接层的节点数量,通常是隐藏层维度的 4 倍;头部数量则是指编码器中多头自注意力机制的头数。这些参数不仅定义了模型的结构,也决定了其计算能力,对模型的整体性能产生了直接的影响。

表 5-4 不同规格的 ViT 模型

模型	图像块尺寸	深度	隐藏层维度	多层感知机维度	头部数量	参数量
ViT-Base	16×16	12	768	3072	12	86M
ViT-Large	16×16	24	1024	4096	16	307M
ViT-Huge	14×14	32	1280	5120	16	632M

◆ 5.4 目标检测

5.4.1 目标检测的概念

目标检测是计算机视觉领域的核心问题之一,它旨在识别图像中所有感兴趣的目标,并确定它们的类别与具体位置。这项任务的复杂性来自于目标的多样性,如不同的外观、形状和姿态,以及成像过程中面临的挑战。具体来说,目标检测模型的输出是一个包含多个元素的集合,其中每个元素表示一个被检测到的物体。这个集合包括物体的边界框位置、物体的类别以及模型对该类别判断的置信度。边界框的参数通常用矩形框的左上角和右下角坐标来表示,或者表示为框的中心点坐标及其宽度和高度。

模型的主要目标是准确估计这些边界框的参数,并正确分类框内的物体。在训练过程中,目标检测模型通常采用交叉熵损失函数来评估类别预测的准确性,并使用像交并比(Intersection over Union,IoU)来评估边界框的精确度。IoU 是一种衡量两个边界框重叠程度的指标,其计算公式如下:

$$IoU = \frac{\text{预测边界框与真实边界框的交集面积}}{\text{预测边界框与真边界框的并集面积}} \tag{5-10}$$

简单来说,IoU 计算的是模型预测的边界框与真实边界框之间重叠区域的面积与这两个边界框总面积的比例。其值的范围从 0 到 1,其中值越接近 1,表示预测的边界框与真实边界框的重叠程度越高,从而准确度越高。在目标检测领域,主要存在两种算法类型:单阶段和两阶段目标检测算法。两阶段目标检测算法,如 R-CNN[94] 及其变体 Fast R-CNN[95] 和 Faster R-CNN[96],通常先生成一组候选的物体区域,随后对这些区域进行分类和边界框回归。具体而言,这类算法首先通过区域建议网络扫描整个图像,识别可能含有物体的区域。在第二阶段,对每个候选区域进行特征提取、分类和边界框的精细调整。尽管两阶段算法通常更为精确,它们的计算成本较高,处理速度也较慢,因为需要两个独立阶段来处理图像。相比之下,单阶段目标检测算法,如 SSD(Single Shot MultiBox Detector)[97] 和 YOLO(You Only Look Once)[98],通过一个单一的网络直接预测物体的类别和位置,不需要单独的区域建议阶段。这种方法使算法能够在单阶段中即完成分类和定位,因此速度更快,特别适合于实时应用。由于这些算法省略了区域建议步骤,它们在速度上通常优于两阶段算法,尽管可能会牺牲一些精度。

总之,目标检测任务的复杂性源于物体本身的多样性,包括不同的外观、形状和姿态,以及成像过程中的各种挑战,如光照变化和遮挡等因素。正因为这些复杂的实际情况,目标检测成为计算机视觉领域中最具挑战性的问题之一。这一领域的研究不仅对理解图像内容至关重要,也对推动相关技术的发展和应用具有深远的影响。

5.4.2　常用目标检测数据集

在目标检测领域,数据集的选择对于模型的训练和评估至关重要。接下来,将聚焦于几个关键的数据集,这些数据集因其丰富的场景和准确的标注,在目标检测研究中被广泛使用。

PASCAL VOC 数据集[99]:该数据集是目标检测研究中最著名的数据集之一,涵盖了 20 个不同的物体类别,包括动物、车辆和日常物品,每个物体都配有精确的边界框和类别标签。由于其数据多样性和标注的挑战性,PASCAL VOC 数据集在目标检测领域具有深远的影响力。

MS COCO 数据集[100]:该数据集由微软公司开发,是针对对象检测、分割和图像描述任务而设计的大规模数据集。它包含超过 20 万张图像,覆盖 80 个类别的物体。该数据集特别注重捕捉物体在自然场景中的上下文信息,因而成为评估目标检测算法性能的一个主流数据集。

ImageNet 数据集[101]:虽然 ImageNet 数据集主要用于图像分类任务,但其部分数据也广泛应用于目标检测研究。该数据集包含超过 14 万张图像,覆盖了数千个类别,并为每张图像提供了物体的边界框。基于 ImageNet 的 ILSVRC 比赛极大地推动了目标检测技术的发展,对该领域有着深远的影响。

Open Images 数据集[102]:该数据集是由谷歌公司发布的大规模数据集,专门用于对象检测、可视关系检测和图像分割任务。该数据集包含约 900 万张图像,覆盖大约 6000个类别。相较于其他数据集,Open Images 数据集提供了更广泛的类别和更丰富的场景,使其成为在复杂环境中评估目标检测算法性能的有效工具。

这些数据集不仅提供了多样化的测试场景,还极大地推动了目标检测技术的发展。研究人员通过在这些数据集上测试和优化目标检测模型,可以深入了解各种算法在实际应用中的表现。在本书的后续内容中,将详细探讨这些数据集在实际目标检测任务中的应用,及其在推动该领域技术革新中的关键作用。

5.4.3 两阶段目标检测算法

作为两阶段目标检测算法的一种改进,Fast R-CNN 对目标检测领域产生了重要影响。与原始 R-CNN 相比,Fast R-CNN 在训练和测试推理速度上实现了显著提升。在 Pascal VOC 数据集上,Fast R-CNN 将准确率从 R-CNN 的 62% 提高到了 66%,这一进步归功于其更高效的模型结构和优化的算法流程。如图 5-18 所示,Fast R-CNN 的核心算法流程主要包括以下 4 个步骤。

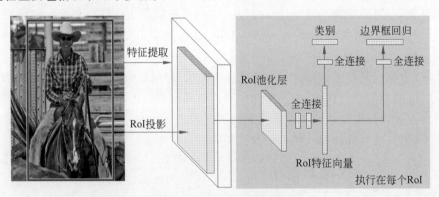

图 5-18　Fast R-CNN 模型结构

(1) 特征提取。与 R-CNN 相比,Fast R-CNN 采用了一种更为高效的特征提取方法。它将整张图像一次性输入卷积神经网络中,以获得对应的特征图。不同于 R-CNN 对每个候选区域单独提取特征的方式,Fast R-CNN 直接在这些特征图上映射候选区域,极大地提高了效率。这种处理方式减少了重复的特征提取工作,从而显著提升了处理速度。

(2) 候选区域的生成。完成特征提取后,Fast R-CNN 利用 Selective Search 方法从输入图像中生成 1000~2000 个候选区域。这种方法首先通过图像分割技术识别出一系列初始区域,然后通过合并策略形成一个包含潜在目标物体的层次化区域结构,这与 R-CNN 中的做法类似。

(3) 区域感兴趣池化(**Region of Interest Pooling,RoI Pooling**)。Fast R-CNN 通过 RoI Pooling 层处理每个候选区域的对应特征图部分,将其转换为固定大小的特征图(通常是 7×7)。这一步骤克服了候选区域尺寸差异的挑战。RoI Pooling 层的这种能力使得后续的全连接层可以接收统一大小的输入,从而简化了处理流程。随后,这些固定大小的特征图被展平,并通过一系列全连接层处理,最终为每个候选区域生成分类和边界框预测结果。

(4) 预测和分类。经过 RoI Pooling 层处理后,特征图被展平并通过全连接层进行处理。Fast R-CNN 输出包括两部分:一是对类别的分类,其中每个类别(包括背景)都有一个对应的概率分布;二是对每个类别边界框的回归参数(d_x,d_y,d_w,d_h)。边界框的回归参数用于微调候选区域的位置,以提高检测准确率。具体计算公式如下:

$$G_x = P_w \times d_x + P_x$$
$$G_y = P_h \times d_y + P_y$$
$$G_w = P_w \times \exp(d_w)$$
$$G_h = P_h \times \exp(d_h) \tag{5-11}$$

其中,P_x、P_y、P_w、P_h 为候选区域的中心坐标和宽、高;G_x、G_y、G_w、G_h 为调整后的边界框参数。因此,Fast R-CNN 的损失函数包含了分类损失和边界框回归损失,具体表达式为:

$$L(p,u,t^u,v) = L_{cls}(p,u) + \lambda[u \geq 1]L_{loc}(t^u,v) \tag{5-12}$$

其中,p 是分类器预测的 Softmax 概率分布。u 为真实类别标签。t^u 是针对类别 u 的边界框回归器预测的回归参数(t_x^u,t_y^u,t_w^u,t_h^u)。v 是真实目标的边界框参数(v_x,v_y,v_w,v_h)。$L_{cls}(\cdot)$ 表示分类损失。λ 为权重系数,用于平衡分类损失和边界框回归损失的影响大小。$[u \geq 1]$ 为指示函数,当 $u \geq 1$ 时,候选框为非背景类。当 $u=0$ 时,表示候选框为背景类。$L_{loc}(\cdot)$ 为边界框回归损失。真实目标边界框回归参数的计算公式为:

$$v_x = \frac{G_x - P_x}{P_w}, v_y = \frac{G_y - P_y}{P_h}$$
$$v_w = \ln\left(\frac{G_w}{P_w}\right), v_h = \ln\left(\frac{G_h}{P_h}\right) \tag{5-13}$$

在训练过程中,分类损失 L_{cls} 采用交叉熵损失函数,以评估分类的准确性。边界框回归损失 L_{loc} 旨在量化边界框预测的准确性。它定义为真实边界框参数 v 与预测边界框参数 t^u 之间差异的 $smooth_{L_1}$ 损失,其中 $smooth_{L_1}$ 损失是一种边界框回归中常用的损失函数,定义为:

$$smooth_{L_1}(x) = \begin{cases} 0.5x^2, & |x| < 1 \\ |x| - 0.5, & \text{其他} \end{cases} \tag{5-14}$$

该损失函数结合了 L_1 和 L_2 损失的优点,减少了对异常值的敏感性,从而提高了边界框回归的鲁棒性。

上述设计显著提升了 Fast R-CNN 在目标检测中的效率和准确性。通过优化特征提取过程,并将类别分类与边界框回归整合到一个统一的框架中,该模型不仅大幅减少了训练和推理所需的时间,还显著提高了检测性能。

5.4.4　单阶段目标检测算法

　　YOLO(You Only Look Once)[103]系列算法代表了先进的单阶段目标检测方法,自首次提出以来,在计算机视觉领域引起了广泛关注。该算法的核心优势在于能够在一次前向传播中同时预测物体的类别和位置,从而显著提升了目标检测的速度,尤其适用于实时处理场景。原始的 YOLO 算法通过将图像划分为多个网格,每个网格负责预测特定区域内的物体。YOLO 还引入了锚点机制,预设多个边界框,并根据网络学习到的特征进行调整,从而精准地覆盖图像中的物体,实现一步到位的检测。自 YOLO 初版发布以来,其系列算法经过了多次迭代和改进,包括 YOLOv2[104]、YOLOv3[105]、YOLOv4[106],直至最新的 YOLOv7[107]。这些版本在原始算法的基础上融入了多种创新技术,如批标准化、多尺度训练和更高效的特征提取网络,进一步提升了检测的准确性和速度。其中,YOLOv3 是一个重要的里程碑版本,它引入了特征金字塔网络(Feature Pyramid Network,FPN)[108]和更复杂的多头自注意力机制,显著增强了对小物体的检测能力,如图 5-19 所示。YOLOv3 的网络架构主要由 3 部分组成:主干网络用于提取图像的特征;特征金字塔网络负责整合来自不同尺度的特征信息;YOLO 检测头用于生成最终的检测框和分类结果。这种架构设计使 YOLOv3 在目标检测的精度和速度之间实现了良好的平衡。

　　(1)主干网络 Darknet-53。YOLOv3 的主干网络部分采用了 Darknet-53 架构,这一架构在许多方面与 ResNet 类似。Darknet-53 由多个残差模块堆叠组成,这些残差模块之间通过步长为 2 的卷积层隔开,主要用于实现下采样。网络的名称 53 源于其包含 52 个卷积层和 1 个全连接层,共计 53 层。网络的输入尺寸通常为 $32 \times n$(其中 n 为正整数),因为特征图在网络中将经历 5 次下采样,因此输入图像的尺寸至少应为 32 的倍数。在 YOLOv3 的 Darknet-53 中,第一个 1×1 卷积核的作用主要是增加通道数,在不改变图像尺寸的情况下提取更多有效的特征,同时扩大特征图的感受野。紧接着的 3×3 卷积核,步长设置为 2,主要用于下采样,以减少计算过程中所需的参数数量和计算量。随后,网络通过堆叠多个残差块,增强了特征的传递和学习能力。最终,对生成的特征图进行平均池化处理。

　　(2)特征金字塔网络。如图 5-20 所示,FPN 是一种高效的特征提取与融合方法。它结合了自下而上和自上而下的处理流程,并通过横向连接,实现了不同层次特征的融合。在自下而上的路径中,网络通过卷积层逐步提取特征并缩小特征图的尺寸,从而获得包含丰富语义信息的高层特征。而在自上而下的路径中,FPN 通过上采样将这些高层特征与尺寸较大的低层特征图相融合,从而既保留了高层的语义信息,又保留了低层的细节信息。与传统方法不同的是,FPN 中的特征融合通过沿通道维度拼接完成,而非简单相加。这种策略更为有效地结合了不同层级的特征,增强了模型在检测各种尺寸物体时的能力。

　　(3)YOLO 检测头。如图 5-21 所示,YOLO 检测头在 YOLO 架构中充当了解码器的角色,主要由一系列卷积层组成。YOLO 检测头的关键创新在于使用卷积层替代传统的全连接层来执行分类和回归任务。在 YOLO 检测头中,传统的全连接层被 1×1 的卷积层取代,这种设计基于两个重要考虑:首先,卷积层在处理输入时提供了更大的灵活

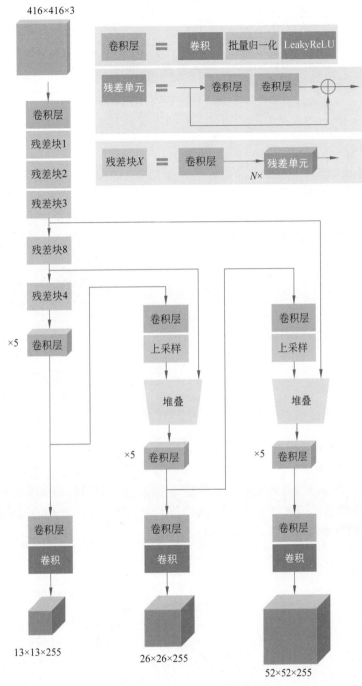

图 5-19 YOLOv3 的网络结构

性,避免了全连接层对固定尺寸输入的要求,仅需限定输入和输出的通道数。其次,全连接层在处理特征图时需要将其展平,这一过程可能破坏特征图的空间信息。而卷积层则能保持输出的三维结构(即通道、高度、宽度),这对于保留特征图上对应原图的空间结构信息至关重要,尤其在匹配正样本,并需要输出空间上对应通道的值时更具优势。这种设

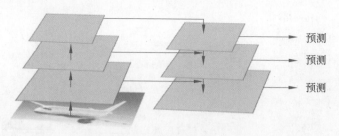

图 5-20　特征金字塔网络

计使得 YOLO 检测头不仅在空间信息保留方面表现更优,而且在简化模型结构和提高检测效率上也取得了显著进展。此外,YOLO 检测头巧妙地融合了多项关键技术,包括锚点网格偏移量预测、正负样本匹配以及一种高效的通道组合策略。这些技术的综合应用显著提升了目标检测的准确性和效率。

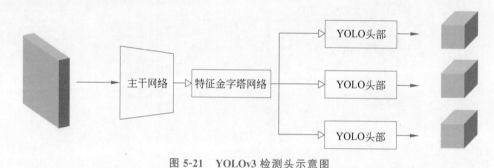

图 5-21　YOLOv3 检测头示意图

（1）锚点网格偏移量预测。如图 5-22 所示,YOLO 的核心思想是将图像划分为 $W \times W$ 个网格,并为每个网格指定多个锚点。每个锚点负责预测目标中心点是否落在该区域内。预测过程包括计算锚点的具体坐标及边界框的尺寸,这些预测值涵盖了边界框中心的偏移量 t_x、t_y 和先验框的缩放因子 t_w、t_h。每个锚点对应 3 个不同大小的先验框,因此总的先验框数量是网格数量的 3 倍。

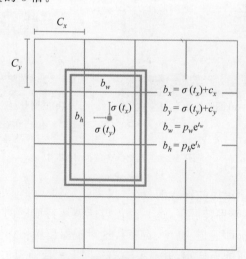

$$b_x = \sigma(t_x) + c_x$$
$$b_y = \sigma(t_y) + c_y$$
$$b_w = p_w e^{t_w}$$
$$b_h = p_h e^{t_h}$$

图 5-22　网格偏移量预测示意图

（2）正负样本匹配。YOLOv3 通过与真实值的 IoU 来确定正负样本。每个真实边界框都会找到与其 IoU 最大的锚点边界框作为正样本，其他与任意真实边界框的 IoU 大于设定阈值（通常为 0.5）的锚点边界框也被标记为正样本。

（3）通道组成策略。YOLO 检测头的输出是一种高度结构化的三维数据，其中每个网格点的输出通道数包括以下内容：

$$channel = t_x + t_y + t_w + t_h + obj + num_{classes} \qquad (5\text{-}15)$$

其中，t_x、t_y 是锚点的偏移量；t_w、t_h 是边界框的缩放因子；obj 表示对象存在的置信度；$num_{classes}$ 代表每个类别的预测概率。这种通道设计使 YOLO 能够在单次前向传播中同时预测多个目标的位置、尺寸、存在概率及其类别。通过以上技术，YOLO 算法不仅在保留特征图空间结构信息方面更加有效，同时在处理效率和检测性能上也得到了显著提升。YOLO 的这种综合策略极大地保留了图像的空间信息，提升了模型在识别不同尺寸和类别物体时的准确性。

◈ 5.5 图像分割

5.5.1 图像分割的概念

近年来，随着深度学习的快速发展，图像分割、目标检测和图像分类等领域取得了显著进展。其中，图像分割在计算机视觉中占据着重要位置，作为许多视觉理解系统的核心组成部分。图像分割的任务是将图像（或视频帧）划分为多个片段或对象，根据不同需求分为语义分割和实例分割。图 5-23 展示了两者的效果对比。语义分割的目标是对图像中的每像素进行分类，并为其赋予相应的类别标签。然而，语义分割存在一个显著的局限，即只能区分类别，无法区分同一类别中的不同个体，并且在处理复杂图像时，难以准确理解图像中的细节信息。因此，为了扩展图像分割的应用范围，实例分割方法结合了目标检测和语义分割的优势，对图像中的所有像素进行分类，并在语义分割的基础上区分同一类别的不同实例。接下来将详细介绍语义分割和实例分割的经典算法。

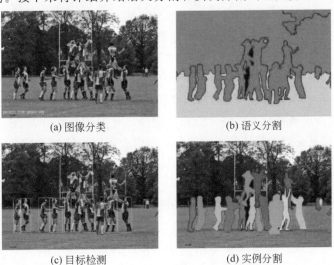

(a) 图像分类　　　　　　　　　(b) 语义分割

(c) 目标检测　　　　　　　　　(d) 实例分割

图 5-23　语义分割与实例分割对比图

5.5.2　语义分割算法

语义分割任务要求对图像中的每一像素进行标注,并使用一组预定义的对象类别(如人、汽车、树木、天空)进行分类,因此相比于图像分类,语义分割更具挑战性。随着全卷积神经网络(Fully Convolutional Network,FCN)[109]的提出,其特征提取性能相较于传统分割方法更加优越,现已成为语义分割领域的主流方法。与传统图像分割方法相比,全卷积神经网络能够提取图像的高级语义信息,从而显著提升分割精度。自全卷积神经网络问世以来,催生了许多经典的语义分割网络,如全卷积神经网络、U-net[110]和金字塔场景解析网络(Pyramid Scene Parsing Network,PSPnet)[111]等,这些网络对后续语义分割方法的发展产生了深远影响。

此外,受自然语言处理领域中 Transformer 模型的启发,许多研究者开始尝试将Transformer 应用于语义分割任务。通过 Transformer 的注意力机制,能够有效对像素的远距离依赖关系进行建模,从而取得显著成果。目前,Transformer 已经成为语义分割领域的研究热点,其中,Segmenter[112] 和 SegFormer[113] 是较为经典的语义分割算法。

1. 全卷积神经网络

FCN 标志着语义分割的开端,并推动了这一领域的快速发展。它还实现了网络模型的端到端训练,其主要创新点体现在以下 3 方面:全卷积、上采样和跳跃连接。

(1) 全卷积。在传统的 CNN 分类网络中,输入图像的尺寸通常是固定的,依据网络设计结构而定。然而,FCN 允许输入图像的尺寸各不相同。FCN 舍弃了 CNN 分类网络中的全连接层,用卷积层取而代之,这不仅保留了图像的位置信息,还整合了 CNN 的输出特征。

(2) 上采样。经过一系列卷积和池化操作后,特征图的尺寸远小于原始图像。为了使特征图的像素与原始图像的像素相对应,并进行像素级别的预测,同时减小分割精度的损失,FCN 采用了反卷积操作。在特征图解码过程中,反卷积用于恢复特征图的大小,使其与原图尺寸一致。

(3) 跳跃连接。FCN 通过卷积、池化和反卷积操作后,可能会丢失一些细节信息。通过跳跃连接,FCN 能够将浅层信息与高层语义信息结合起来,从而增强模型的鲁棒性。尽管 FCN 实现了像素级别的图像预测,但它仍然忽略了全局上下文信息。

2. U-net

U-net 最初是专门为医学图像分割而设计的网络。它采用了编码器-解码器结构,并通过跳跃连接将浅层特征与高级语义信息相融合。在编码器部分,图像经历了 4 次下采样,每次下采样都是通过卷积层和最大池化层的组合来实现的,每次下采样都会将特征图的通道数加倍。在解码器部分,每次上采样后,都会与相应的下采样特征图进行融合,随后通道数减半。在解码器的最后一层,使用 1×1 卷积将通道数调整为期望的分类数。然而,U-net 也存在一些显著的缺点。其训练过程相对较慢,相同的特征可能会被多次训练,导致 GPU 资源浪费,并且可能引发网络过拟合,导致模型的泛化能力较差。此外,U-net 在获取位置准确性和上下文信息时存在局限。大的图像块需要更多的最大池化操作,这可能会降低定位精度,因为最大池化操作会丢失目标像素与周围像素之间的空间关系。而小的图像块则只能捕捉有限的局部信息,并且包含的背景信息不足。

3. PSPnet

PSPnet 的主要创新在于引入了金字塔池化模块。该模块能够聚合目标不同位置的上下文信息,显著提升了捕捉全局信息的能力。此外,PSPnet 还引入了辅助损失函数,提升了网络训练时的收敛速度。如图 5-24 所示,PSPnet 的整体架构包含以下几个步骤:首先,给定输入图像(见图 5-24(a)),通过 CNN 提取最后一个卷积层的特征图(见图 5-24(b));接着,应用金字塔池化模块获取不同子区域的表示;然后,通过上采样和连接层形成最终的特征表示,该表示在图 5-24(c)中同时携带了局部信息和全局上下文信息;最终,将这些表示输入卷积层中,以获得像素级别的预测结果(见图 5-24(d))。

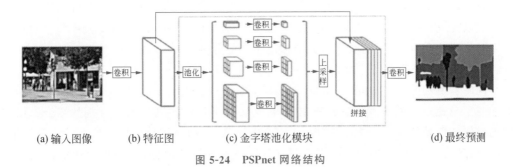

(a) 输入图像　　　(b) 特征图　　　(c) 金字塔池化模块　　　(d) 最终预测

图 5-24　PSPnet 网络结构

金字塔池化模块融合了 4 种不同尺度的特征图。在图 5-24(c)中,第一个并行支路使用全局池化生成全局特征图,其他并行支路则对特征图进行不同尺度的池化操作,从而提取不同区域的特征。随后,将这 4 个特征图进行特征融合。在每个并行支路中,通过不同的池化操作和 1×1 卷积来获得不同尺寸的特征图。然后,使用双线性插值对低维特征图进行上采样,使其与原始特征图的尺寸相同。最终,这 4 条并行支路的融合特征图形成了金字塔池化模块的全局特征。

4. Segmenter

Segmenter[112]是一种基于 Transformer 的编码器-解码器结构,与传统的 CNN 不同,在将图像输入编码器之前,首先需要将图像切分为多个图像块,并将其铺平成一维序列,然后对每个一维序列进行位置编码。相比于基于卷积的方法,Segmenter 的编码器专注于建模图像的全局上下文信息。Segmenter 采用了两种不同的解码器设计:一种是线性解码器,通过对图像块进行简单的线性映射、变形、上采样以及 Softmax 操作,生成预测图像;另一种是基于 Transformer 的掩码解码器。与线性解码器相比,掩码解码器在输入时增加了一组可学习的类嵌入向量。实验结果显示,基于 Transformer 的掩码解码器在分割效果上优于线性解码器。

5. SegFormer

为了应对 ViT 参数量大、计算复杂度高以及柱状结构对语义分割不太友好的问题,作者在 SegFormer[113]中设计了一种层次化的 Transformer 编码器。与传统方法不同,SegFormer 在进行图像块嵌入时,将图像切分为有重叠的图像块,以确保特征的局部连续性。此外,SegFormer 采用深度卷积替代位置编码,以更有效地传递位置信息。

SegFormer 的编码器仅由 6 个线性层组成,因此其参数量和计算复杂度都较低,但仍然实现了非常出色的分割效果。与传统的 CNN 相比,SegFormer 展现出了更强的鲁棒性。

5.5.3 实例分割算法

目前基于深度学习的实例分割方法大体上可以分为两阶段实例分割方法和单阶段实例分割方法。

1. 两阶段实例分割方法

两阶段实例分割方法主要可以分为自上而下的实例分割方法与自下而上的实例分割方法。自上而下[115-116]的实例分割方法的思想主要基于目标检测的理论,先检测出候选区域,再进行像素级别的实例分割。自下而上的实例分割方法是为了解决目标检测中边界框的缺陷,引用聚类、度量学习等思想,视作一个图像聚类的任务,将图像中每个对象的像素聚集成集合,用不同的实例目标来输出不同的分割。

1)自上而下实例分割方法

同时检测和分割(Simultaneous Detection and Segmentation,SDS)方法由 Hariharan 等[117]提出,是最早的实例分割算法之一,首次实现了目标检测与语义分割的结合。该方法通过候选区域生成[118]、特征提取[119]、区域分类[120]和区域优化[121]来获得分割结果。然而,SDS 也存在显著的局限性,仅依赖 CNN 技术进行特征提取,导致生成的掩码细节粗糙,位置信息不够准确。尽管其分割效果并不理想,但 SDS 通过生成候选区域再进行语义分割的设计理念为后续的实例分割方法提供了重要启示。

DeepMask[122]将图像分割视为一个大量的二进制分类问题,而 SharpMask[123]则在此基础上优化了 DeepMask 的输出,生成具有更高保真度且能精确框定物体边界的掩码。SharpMask 的主要改进在于,它在 DeepMask 预测前向传播时,反转信息在深度网络中的流向,并通过使用渐近式早期层(Progressively Earlier Layer,PEL)的特性来优化 DeepMask 的预测结果。

Girshick 等[124]首次将 CNN 技术应用于实例分割,提出了 RCNN 方法,将 AlexNet 与候选区域选择相结合,取得了较高的目标检测精度,并增强了特征对样本的表示能力。然而,RCNN 存在一些显著的缺点:由于需要为多个候选区域提取图像特征,这导致了磁盘空间的大量占用;同时,训练时间较长,处理速度慢,测试过程也较为复杂。

Fast R-CNN 改进了 RCNN,解决了其在训练、测试速度上的不足,简化了处理流程,并减少了对存储空间的需求。Fast R-CNN 的创新之处在于,它仅需对整张图片进行一次特征提取,并通过 RoI 池化层替代最后的最大池化层,同时在网络末端采用并行的全连接层,实现了端到端的多任务训练,从而加快了检测速度。然而,Fast R-CNN 中使用的选择性搜索算法在提取候选区域时耗时较长,无法满足实时应用的需求,因此并未真正实现完全的端到端训练模式。

随后,Ren 等[125]提出了 Faster R-CNN,成功解决了 Fast R-CNN 所面临的问题。他们用区域生成网络(Region Proposal Network,RPN)[126]替代了选择性搜索算法,从而将目标检测的各个步骤统一到一个深度网络框架中,大大提高了训练和测试的效率。

2017 年,He 等[127]在 Faster R-CNN 算法的分类和回归分支基础上添加了一个用于语义分割的分支,进而提出了 Mask R-CNN 算法,其框架如图 5-25 所示。与 Faster R-CNN 相比,Mask R-CNN 具有以下优点:在基础网络结构中引入了 ResNet-FPN[128-129],这种多层特征图结构有助于多尺度物体和小物体的检测;提出了 RoIAlign 方法替代 RoIPooling[129],取消了取整操作,保留了浮点数的精度;在分类和回归的基础上增加了一个掩码分支,对每一像素的类别进行预测,并采用全卷积网络[130-131],利用卷积和反卷积构建端到端网络,从而实现了较好的分割效果。然而,Mask R-CNN 也存在一些不足之处[132]。它过度依赖框的准确性,导致对小尺度物体的检测效果较差,难以应对对边缘精度要求较高的任务。对此,Chen 等[133]提出了 MaskLab,该方法同样基于 Faster R-CNN 对象检测器,通过预测框提供对象实例的准确定位。在每个感兴趣区域内,MaskLab 结合语义和方向预测来执行前景或背景的分割。

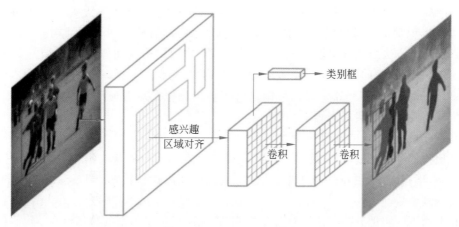

图 5-25　Mask R-CNN 框架

特征增强与采样自适应(Feature Augmentation and Sampling Adaptation,FASA)[134]方法在不同的主干网络、学习计划、数据采样器和损失函数下,均能在 Mask R-CNN 的基础上实现稳定的性能提升,同时对训练效率的影响最小。FASA 通过使用特征增强和自适应采样技术,解决了长尾实例分割任务中的类别不平衡问题。具体而言,FASA 动态生成虚拟特征,为稀有类别提供更多正样本,并通过损失引导的自适应采样方案来避免模型的过度拟合。

RefineMask[135]方法则专注于高质量的对象和场景实例分割,在两阶段方法的实例分割过程中融入了细粒度特征。RefineMask 能够成功处理复杂案例,例如那些在先前大多数方法中被过度平滑处理的物体弯曲部分,进而生成精确的边界。通过逐步融合更详细的信息,RefineMask 能够持续优化掩码质量,从而获得更高的实例分割精度。

尽管自上而下的实例分割方法能够较好地处理图像的细节和位置信息,但也存在一些缺点:这类方法对高密集度分割质量的要求较高,因此难以获得更高精度的分割结果;泛化能力较差,处理复杂图像时的分割效果不佳;此外,后处理过程通常较为烦琐。

2) 自下而上实例分割方法

Liu 等[136]提出了顺序分组网络(Sequential Grouping Network,SGN),用于解决对象实例分割的问题。SGN 通过一系列神经网络逐步解决语义复杂度递增的子分组问题,逐步将像素组合成对象。该方法首先将对象的断点组合成线段,然后将这些线段分组为连接的组件,最后将这些组件进一步分组为完整的对象。

Gao 等[137]提出了基于亲和金字塔的单次实例分割(Single-shot Instance Segmentation with Affinity Pyramid,SSAP)方法。SSAP 通过分层方式计算两像素属于同一实例的概率,并引入了一种新颖的级联图分区模块,以从粗到细的顺序生成实例。与以往耗时的图形划分方法不同,该模块实现了更快的速度和更高的分割精度。

De Brabandere 等[138]提出了一种在像素级别运行的判别损失函数,通过简单的后续处理步骤,能够轻松地将图像聚类为不同的实例。Fathi 等[139]基于这一思想,提出了一种基于深度学习的全卷积嵌入模型。该方法不依赖于对象提议或循环机制,因此不受传统检测和分割方法的一些限制的影响。

Ke 等[140]提出了一种基于 Transformer 的高质量实例分割算法 Mask Transfiner。该算法首先识别出容易出错并需要优化的像素区域,然后使用四叉树结构[141]表示这些像素点。整个方法由 3 个模块组成:节点编码器、序列编码器和像素解码器。节点编码器首先丰富每个点的特征表示;随后序列编码器将节点序列作为查询输入至基于 Transformer 的序列编码器中;最后,像素解码器预测每个点对应的实例标签,从而以低成本生成高度精确的实例掩码。

基于 Transformer 的实例分割(Instance Segmentation with Transformers,ISTR)[142]方法通过预测低维掩码嵌入,并将其与真实掩码嵌入进行匹配来获取集合损失。使用循环细化策略,ISTR 逐步更新查询框并细化预测结果,构成了一个基于 Transformer 的端到端实例分割框架。

自上而下的实例分割方法通过分割思想,在低层保留了丰富的特征信息,通常比自下而上的方法更为简单。然而,上文说过,这类方法的泛化能力较差,难以进行端到端的训练,因此在处理目标对象较多且场景复杂的情况下表现欠佳。尽管这些方法能够达到较高的精度,但效率较低,限制了其在实时任务中的应用。如果能够将自上而下和自下而上方法的优点结合起来,可以实现更优的分割性能。

2. 单阶段实例分割方法

目前,单阶段实例分割方法可以根据是否使用锚框分为基于锚框[114]的实例分割方法和无锚框的实例分割方法。与之相比,两阶段实例分割方法在实时性方面存在不足。而单阶段实例分割方法能够并行地执行分割和检测,因而具有模型简单、速度快、精度高且实时性强的优势。尽管单阶段实例分割方法基于单阶段目标检测的思想提出,但其最大挑战在于如何直接定位并区分不同的目标对象,并在保留位置语义信息的同时,精准地分割对象,尤其是区分同一类别下的不同实例对象。

1) 基于锚框的单阶段实例分割方法

你只看系数(You Only Look At Coefficients,YOLACT)[143]是一种单阶段实例分割算法,通过在现有单阶段目标检测模型中添加掩码分支来实现实例分割。该方法主要依靠两个并行的分支任务:一是原型掩码,由 FCN 生成一组共享的原型掩码;二是掩码系数,通过在目标检测分支中添加额外的头部,为每个实例预测一系列掩码系数。YOLACT 具有掩码质量高、信息利用充分、泛化性能强、速度快等优点。然而,当图像中存在多个重叠目标时,原型掩码难以准确定位,容易产生定位误差,且更容易输出前景掩码的内容。此外,YOLACT 在抑制 RoI 外部噪声方面表现不足,可能导致掩码泄露。

为了改进 YOLACT,该方法的作者提出了 YOLACT＋＋[144],在保持实时性的前提下显著提高了均值平均精度(Mean Average Precision,MAP)。具体改进包括:在模型的主干网络中引入可变形卷积层(Deformable Convolutional Network,DCN)[145];优化预测头部;采用更优的锚框尺度和长宽比调整策略,并在模型后面添加了 MaskR-scoring 网络分支,以进一步优化掩码的预测质量。

Poly-YOLO[146]建立在 YOLOv3 的原始思想之上,并消除了它的两个弱点:大量重写的标签和低效的锚点分布。Poly-YOLO 通过限定多边形来执行实例分割。该模型的网络架构如图 5-26 所示,该网络经过训练以检测在极坐标网格上定义的与大小无关的多边形。因此,Poly-YOLO 会生成具有不同数量顶点的多边形,与 YOLOv3 相比,Poly-YOLO 只有 60％的可训练参数,但平均精度提高了 0.40。

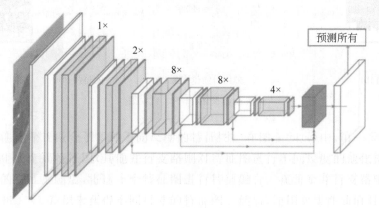

图 5-26　Poly-YOLO 网络框架

Wang 等[147]提出一种新颖的方法——ContrastMask,它具有如下优点:①它充分利用了训练数据,使来自新类别的数据也有助于分割模型的优化过程;②搭建了一座桥梁,通过统一的像素级对比学习框架将基本类别的分割能力转移到新类别,从而同时提高了模型对基本类别和新颖类别前景及背景之间的特征区分能力。利用共享像素级对比度损失的查询,使来自新类别的数据也有助于优化过程,提高了模型对所有类别的前景和背景区域之间的特征区分能力。然而 ContrastMask 从类别激活函数(Class Activation Map,CAM)转换的伪掩膜不准确,无法保证新类别的前景和背景分区是正确的,这不可避免地损害了分割的精度。

2) 无锚框单阶段实例分割方法

Xie 等[148]提出了 PolarMask,这是一种无锚框的单阶段实例分割方法。该方法将实例分割问题表述为通过实例中心的分类和极坐标中的密集距离回归来预测实例的轮廓。PolarMask 能够有效处理高质量中心样本的采样和密集距离回归的优化,从而显著提高分割性能并简化模型的训练过程。

SOLO[149]模型的核心思想是将实例分割重新定义为分类感知预测和实例感知掩码

生成这两个同时存在的任务。具体来说,该方法将输入图像划分为均匀的 $S \times S$ 网格,每个网格负责预测语义类别并分割该对象实例。与其他方法不同,SOLO 不需要 RoI 池化,也不需要进行检测后的后处理。然而,SOLO 算法仅适用于通过 2D 位置区分不同实例,对于图像中重叠部分的分割性能较差。为了解决这一问题,Zeng 等[150]提出通过预测实例重心和 4D 向量来区分图像中同一位置的重叠部分,利用 4D 向量中边框的不同,计算候选对象边界框的 IoU,从而改善 SOLO 在处理重叠部分时的分割效果。

SOLOv2[151]在 SOLO 模型的基础上对掩码检测和运行效率进行了两项重要改进:①将目标掩码的生成过程解耦为掩码核预测和掩码特征学习两个独立任务,分别负责卷积核的预测和需要卷积的特征掩码的学习;②引入了新的矩阵非极大值抑制(Non-maximum Suppression,NMS)技术,显著减少了前向推理时间,降低了推理运算的开销。SOLOv2 成功解决了 SOLO 模型中存在的掩码表示与学习效率低、分辨率不高、无法进行精细掩码预测,以及矩阵 NMS 速度较慢等问题。

TensorMask[152]由 Chen 等提出,是首个实现密集滑动窗口实例分割的模型,其核心理念是利用结构化的 4D 张量在空间域上表征掩码。该方法能够有效处理图像中物体的重叠问题,并且能够很好地描述不同大小的物体,取得了具有竞争力的定量结果,为探索基于边界框的密集实例分割方法提供了重要基础。

Chen 等[153]提出了 BlendMask,该方法融合了 Mask R-CNN 和 YOLACT 的算法思想,结合了自上而下与自下而上的思路。在全卷积单阶段目标检测器(Fully Convolutional One-stage Object Detector,FCOS)[154]的基础上,BlendMask 添加了注意力机制,并引入了一种新的注意力引导模块来计算全局特征。BlendMask 的底层模块能够输出更高分辨率的掩码,在分割时不仅结合了目标检测的结果,还融合了 FPN 的信息,因而具有出色的分割效果。

Suresha 等[155]提出了 PointRend 方法,这是一种新型的上采样技术,专门针对物体边缘的图像分割进行了优化。PointRend 在处理难以分割的物体边缘时表现出色,同时解决了如何快速计算掩码的问题,减少了资源消耗并提高了分割的精确度。此外,该方法还具有良好的可拓展性。PointRend 的方法类比于经典计算机图形学,通过图像渲染的角度来解决图像分割问题,这一创新可以说是对传统方法的一次成功突破。此外,PointRend 在处理遮挡密集的运动视频时也展现出了出色的分割效果。

腾讯 RCG 研究中心提出了一种基于查询的端到端实例分割方法 QueryInst[156]。该方法由一个基于查询的对象检测器和 6 个由并行监控驱动的动态掩码头组成,是首个基于查询的实例分割方法。QueryInst 在实例分割中的表现尤为出色,尤其在视频实例分割(Video Instance Segmentation,VIS)任务中,实现了目前所有方法中的最佳性能,并在速度和准确性之间取得了良好的平衡。

E2EC[157]是由 Zhang 等提出的一种多阶段、高效的端到端基于轮廓的实例分割模型,专门用于高质量的实例分割任务。E2EC 包含了 3 个关键新组件:①可学习的轮廓初始化架构,用于构建更明确的学习目标,同时集成了一个全局轮廓变形模块,以更好地利用所有顶点的特征;②多向排列,这是一种新的标签采样方案,旨在降低模型的学习难度;③动态匹配损失函数,用于提高边界细节的质量,动态匹配最合适的预测边缘与真实顶点对,并设计了相应的损失函数。E2EC 中提出的模块思想可以轻松应用到其他基于轮廓的实例分割方法中。

单阶段实例分割方法能够并行地执行分割和检测,考虑了对象检测和语义分割之间的关系,因此能够获得优异的性能并缩短处理时间。基于锚框的方法通过网络在候选区域上生成一组类别不可知的候选分数图或掩码,并采用并行语义分支提取实例。然而,这类方法与两阶段的自顶向下思路一致,严重依赖检测的结果,因此继承了检测的弱点,例如在重叠对象上的分割性能较差。无锚框方法通常遵循"一位置一掩码"的主要思想,但当两个物体落在同一网格的中心时,预测的准确性可能会受到影响。

5.5.4 图像分割的应用场景

在自动驾驶领域,自动驾驶技术的开发旨在减少人为操作带来的交通安全问题,提高道路利用率,并缩短出行时间。在技术发展的早期,自动驾驶的智能性和可靠性都相对较低。然而,随着图像分割和目标检测技术的快速进步,自动驾驶技术得到了显著提升,现已成为研究热点。当无人驾驶汽车在道路上行驶时,必须持续探测和适应周围环境的变化,确保遵守交通规则。图像分割技术在自动驾驶中的应用至关重要,它为车辆提供了交通标志、行人以及道路状况等关键信息。

在地理信息系统中,准确统计自然资源对于国家发展战略的制定至关重要,而传统的人工测量和统计方法已经不再适用,因其耗费大量人力、物力且精度较低。随着遥感技术的发展,相关部门能够轻松获取大量遥感图像,并通过图像分割技术对这些图像进行处理,提取道路、河流、森林、农田、村落等信息。这不仅大大减少了人工成本,还显著提高了自然资源统计的效率,如快速估算粮食产量和森林资源面积。

此外,在现代医学领域,Yan 等[158] 提出了一种形状感知对抗性学习的图像分割框架,实现了对腺体图像的精确分割,并在 MICCAI 腺体数据集上达到了最先进的性能。Nurmaini 等[159] 则利用 Mask R-CNN 处理胎儿超声图像,并用于检测和分割包含多个对象的心壁缺陷,这是首次将图像分割技术应用于医学领域的间隔缺损检测研究。

在工业和日常生活中,Fang 等[160] 改进了 Mask R-CNN,实现了对下水道缺陷的细粒度检测;Tu 等[161] 提出了一种轻量级图像分割网络,用于铁路系统中实时检测影响列车运行安全的轨道缺陷,尤其是钢轨和扣件的缺陷;Li 等[162] 开发了一个两级缺陷检测模型,用于检测变电站设备中的缺陷;Xu 等[163] 则使用 Mask R-CNN 检测隧道表面缺陷,以确保隧道在使用过程中的安全性,并在隧道缺陷检测和分割方面表现出了卓越的鲁棒性和准确性。

5.5.5 总结与展望

本节介绍了图像分割领域中语义分割和实例分割的经典算法及其应用场景,并基于现有研究成果对语义分割和实例分割进行了总结与展望。

1. 语义分割

实时语义分割:为了满足实际应用需求,发展轻量型分割网络以实现实时分割至关重要。在确保分割精度的同时,还需提高分割效率,这样语义分割技术才能在实际场景中得到广泛应用。

样本不平衡问题:数据是语义分割的基础。如何在样本数据较少的情况下仍然获得较高的精度,并且在处理困难样本时使网络快速收敛,仍是一个值得深入研究的问题。

无监督域自适应:由于获取数据的真值标签具有挑战性,且模型的场景泛化能力较弱,推动了无监督域自适应方法的发展。无监督域自适应利用深度学习模型进行特征提取和对齐,从而提高模型的迁移能力。然而,如何更有效地进行特征对齐仍然需要进一步的深入研究。

2. 实例分割

噪声与环境因素:物体的大小、照明条件、背景、模糊、分辨率和噪声等环境因素都会对物体识别带来挑战。因此,如何提高网络在处理图像噪声方面的效率是一个具有研究价值的方向。

重叠与遮挡物体的处理:由于遮挡,物体可能被分割成多个部分,导致实例分割的碎片化。当前的片段合并方法计算成本高、复杂且耗时,如何有效处理这些问题是一个关键挑战。

边缘轮廓的优化:对于一些具有复杂轮廓的物体,边界区域的分割通常模糊且不够精细。虽然边缘只占整个图像的一小部分,但优化物体的边缘对于提升分割质量至关重要。因此,精细的边缘轮廓分割也是研究的重点之一。

更具挑战性的多类型图像数据集:实例分割任务的标注过程非常烦琐且成本高昂。为了更好地应对如医学图像分析等实际应用场景的需求,需要构建更大规模、更高质量且更具挑战性的三维图像数据集,以提升模型的泛化能力和应用效果。

◆ 5.6 例 题

例题 5-1

使用 PyTorch 实现 DnCNN 模型,并对任意一张图片进行去噪处理。其中,权重下载地址为 https://github.com/SaoYan/DnCNN-PyTorch。

解答:

(1) 导入模块并设置环境变量。

```
1. import cv2
2. import os
3. import argparse
4. import glob
5. import torch
6. import torch.nn as nn
7. from torch.autograd import Variable
8. import cv2
9. import numpy as np
10. import matplotlib.pyplot as plt
11. os.environ["CUDA_DEVICE_ORDER"] = "PCI_BUS_ID"
12. os.environ["CUDA_VISIBLE_DEVICES"] = "0"
```

cv2 用于图像处理;os 用于操作文件路径;argparse 用于解析命令行参数;glob 用于

查找文件路径模式；torch 和 torch.nn 是 PyTorch 的核心模块；matplotlib.pyplot 用于绘制图表。如果 CUDA 设备可用，则将其设备号设置为 0。

```
1. parser = argparse.ArgumentParser(description="DnCNN_Test")
2. parser.add_argument("--num_of_layers", type=int, default=17, help="
   Number of total layers")
3. parser.add_argument("--logdir", type=str, default="logs", help='path of
   log files')
4. parser.add_argument("--test_data", type=str, default='Set12', help='
   test on Set12 or Set68')
5. parser.add_argument("--test_noiseL", type=float, default=25, help='
   noise level used on test set')
6. opt = parser.parse_args()
```

这段代码使用 argparse 定义了命令行参数，包括模型层数、日志文件路径、测试数据集名称以及测试数据集中的噪声水平。然后通过 parser.parse_args() 解析这些参数。

（2）定义数据归一化函数。

```
1. def normalize(data):
2.     return data/255.
```

（3）定义 DnCNN 模型类。

```
1. class DnCNN(nn.Module):
2.     def __init__(self, channels, num_of_layers=17):
3.         super(DnCNN, self).__init__()
4.         kernel_size = 3
5.         padding = 1
6.         features = 64
7.         layers = []
8.         layers.append(nn.Conv2d(in_channels=channels, out_channels=
   features, kernel_size=kernel_size, padding=padding, bias=False))
9.         layers.append(nn.ReLU(inplace=True))
10.        for _ in range(num_of_layers-2):
11.            layers.append(nn.Conv2d(in_channels=features, out_channels=
   features, kernel_size=kernel_size, padding=padding, bias=False))
12.            layers.append(nn.BatchNorm2d(features))
13.            layers.append(nn.ReLU(inplace=True))
14.        layers.append(nn.Conv2d(in_channels=features, out_channels=
   channels, kernel_size=kernel_size, padding=padding, bias=False))
15.        self.dncnn = nn.Sequential(*layers)
16.    def forward(self, x):
17.        out = self.dncnn(x)
18.        return out
```

（4）定义主函数。

```
1. def main():
2.     #创建模型
3.     print('导入模型 ...\n')
```

```
4.      net = DnCNN(channels=1, num_of_layers=opt.num_of_layers)
5.      device_ids = [0]
6.      model = nn.DataParallel(net, device_ids=device_ids).cuda()
7.      model.load_state_dict(torch.load(os.path.join(opt.logdir, 'net.pth')))
8.      model.eval()
9.      #导入图片数据,其中 opt.test_dat 为去噪图片的路径
10.     files_source = glob.glob(os.path.join('data', opt.test_data, '*.png'))
11.     files_source.sort()
12.     #处理数据
13.     psnr_test = 0
14.     for f in files_source:
15.         #导入图片
16.         Img = cv2.imread(f)
17.         Img = normalize(np.float32(Img[:,:,0]))
18.         Img = np.expand_dims(Img, 0)
19.         Img = np.expand_dims(Img, 1)
20.         ISource = torch.Tensor(Img)
21.         #添加噪声
22.         noise = torch.FloatTensor(ISource.size()).normal_(mean=0, std=
    opt.test_noiseL/255.)
23.         INoisy = ISource + noise
24.         INoisy_np = INoisy.squeeze().cpu().numpy()
25.         IISource_np = ISource.squeeze().cpu().numpy()
26.         #可视化加了噪声的图像和原始图片
27.         plt.imshow(INoisy_np, cmap='gray')
28.         plt.imshow(IISource_np, cmap='gray')
29.         plt.axis('off')
30.         plt.title('Noisy Image')
31.         plt.show()
32.         ISource, INoisy = Variable(ISource.cuda()), Variable(INoisy.cuda())
33.         with torch.no_grad():
34.             Out = torch.clamp(INoisy-model(INoisy), 0., 1.)
35. if __name__ == "__main__":
36.     main()
```

(5) 结果如图 5-27 所示。

(a) 噪声图像   (b) 去噪图像

图 5-27 去噪可视化结果

例题 5-2

练习：根据以下代码，理解 RCAN 模型中各模块的功能与构建方法。

（1）定义 Channel Attention Layer 类。

```
1.   class CALayer(nn.Module):
2.       def __init__(self, channel, reduction=16):
3.           super(CALayer, self).__init__()
4.           self.avg_pool = nn.AdaptiveAvgPool2d(1)
5.           self.conv_du = nn.Sequential(
6.                   nn.Conv2d(channel, channel // reduction, 1, padding=0,
bias=True),
7.                   nn.ReLU(inplace=True),
8.                   nn.Conv2d(channel // reduction, channel, 1, padding=0,
bias=True),
9.                   nn.Sigmoid()
10.          )
11.      def forward(self, x):
12.          y = self.avg_pool(x)
13.          y = self.conv_du(y)
14.          return x * y
```

通道注意力层（Channel Attention Layer，CALayer）是一种用于特征重加权的神经网络组件，该层的构造方法 __init__ 接受两个主要参数：channel 和 reduction。其中，channel 参数代表输入特征的通道数，而 reduction 参数（默认值为 16）则指定了通道缩减的比例，这有助于减少模型的计算复杂性。

在初始化过程中，首先实现一个自适应平均池化层 avg_pool，该层将输入特征的空间维度缩减到（1,1），仅保留通道信息。随后，构建一个卷积序列 conv_du，该序列包括两个卷积层和一个 Sigmoid 激活函数。这一配置使得模型能够从输入特征中学习到各个通道的权重。

在层的前向传播方法 forward 中，输入特征 x 首先通过 avg_pool 层进行空间尺寸缩减，然后通过 conv_du 序列计算得到每个通道的权重 y。最终，输入特征 x 与这些学习到的通道权重 y 进行逐元素乘法操作，输出加权后的特征，从而实现对输入特征的重加权和强化。

（2）定义 RCBA（Residual Channel Attention Block）类。

```
1.   class RCAB(nn.Module):
2.       def __init__(
3.           self, conv, n_feat, kernel_size, reduction,
4.           bias=True, bn=False, act=nn.ReLU(True), res_scale=1):
5.           super(RCAB, self).__init__()
6.           modules_body = []
7.           for i in range(2):
8.               modules_body.append(conv(n_feat, n_feat, kernel_size, bias=
bias))
```

```
9.          if bn: modules_body.append(nn.BatchNorm2d(n_feat))
10.          if i == 0: modules_body.append(act)
11.       modules_body.append(CALayer(n_feat, reduction))
12.       self.body = nn.Sequential(* modules_body)
13.       self.res_scale = res_scale
14.    def forward(self, x):
15.       res = self.body(x)
16.       res += x
17.       return res
```

残差通道注意力块(Residual Channel Attention Block,RCAB)是一种增强特征表示的神经网络结构。RCAB 的构建涉及多个参数,包括卷积函数 conv、特征数量 n_feat、卷积核大小 kernel_size、降维比例 reduction、偏置项使用 bias(默认为 True)、批归一化 bn(默认为 False)、激活函数 act(默认为 ReLU)以及残差比例 res_scale(默认为 1)。

初始化过程中,首先定义一个模块列表 modules_body。通过两次循环,每次循环中向 modules_body 添加一组卷积层(可选是否包含偏置项)、批归一化层(如果启用),以及激活函数(仅第一次循环添加)。这种结构设计使得 RCAB 在处理特征时,能够维持信息的丰富性并减少信息损失。紧接着,构建一个通道注意力层(CALayer),用于学习并应用通道级的特征重要性。该层通过动态调整不同通道上的特征响应,优化网络对特征的处理能力。将上述构建的层组合成一个序列,并将其赋值给 self.body。此外,通过属性 res_scale 设定残差的缩放比例,这有助于在训练过程中调整残差贡献的大小,以促进模型的学习和泛化能力。

在前向传播方法 forward 中,输入特征 x 通过 self.body 处理,得到加工后的残差特征 res。通过将这些残差特征与原始输入特征 x 相加(考虑残差缩放比例 res_scale),最终输出增强后的特征。这种设计不仅提高了特征表达的深度,同时也保持了对输入信息的完整性,是深度学习模型中常用的技术以增强性能和稳定性。

(3) 定义 Residual Group 类。

```
1.    class ResidualGroup(nn.Module):
2.       def __init__(self, conv, n_feat, kernel_size, reduction, act, res_scale, n_resblocks):
3.          super(ResidualGroup, self).__init__()
4.          modules_body = []
5.          modules_body = [
6.             RCAB(
7.                conv, n_feat, kernel_size, reduction, bias=True, bn=False, act=nn.ReLU(True), res_scale=1) \
8.             for _ in range(n_resblocks)]
9.          modules_body.append(conv(n_feat, n_feat, kernel_size))
10.          self.body = nn.Sequential(* modules_body)
11.       def forward(self, x):
12.          res = self.body(x)
13.          res += x
14.          return res
```

残差组(Residual Group)是一种复杂的神经网络构件,旨在增强特征表示能力并提升网络的学习效果。在初始化过程,首先创建一个空的模块列表 modules_body。使用列表推导式根据提供的 n_resblocks 参数数量,生成多个 RCAB 实例,每个实例都独立处理特征信息并对通道进行注意力调整。这些块连续地作用于输入特征,逐步增强其表达能力。此外,在这些 RCAB 块之后,添加了一个卷积层,用于整合各残差块处理后的特征,并输出最终的特征表示。所有这些层被组合成一个序列,并赋值给 self.body,形成残差组的主体结构。

在前向传播方法 forward 中,输入特征 x 通过 self.body 处理,获得加工后的残差特征。随后,这些残差特征与原始输入特征进行加权和(通过 res_scale 控制残差贡献的比例),最终输出增强后的特征。这种结构不仅能够有效利用深层特征,还通过残差连接减轻了训练过程中的梯度消失问题。

例题 5-3

使用 YOLOv3 模型对一个包含多个目标的图像进行目标检测。

解答:

(1) 配置必需的实验环境并导入相关的软件包。鉴于 YOLOv3 模型结构复杂且代码量大,需要替代原始的 Darknet 框架。作为一个有效的替代,可以参考 YOLOv3 模型的 PyTorch 实现。这一实现包括了完整的模型代码、预训练权重以及文档说明,可通过以下链接获取: https://github.com/ultralytics/yolov3。

```
1.  import torch
2.  from torchvision.transforms import functional as F
3.  from PIL import Image
4.  from models import Darknet   #自行准备 YOLOv3 模型
5.  from utils.utils import non_max_suppression, plot_boxes
```

(2) 使用 YOLOv3 的预训练权重加载模型。

```
1.  #下载 YOLOv3 的权重文件,并将其放置在'path/to/your/yolov3.weights'
2.  weights_path = 'path/to/your/yolov3.weights'
3.  config_path = 'models/yolov3.cfg'
4.  #加载 YOLOv3 模型
5.  model = Darknet(config_path)
6.  model.load_weights(weights_path)
7.  model.eval()
```

(3) 加载实验所需图像,并对图像进行预处理。

```
1.  #加载图像
2.  image_path = "path/to/your/image.jpg"   #替换为你的图像路径
3.  image = Image.open(image_path).convert("RGB")
4.  #预处理图像
5.  transform = transforms.Compose([
6.      transforms.Resize((416, 416)),
```

```
7.      transforms.ToTensor(),
8.  ])
9.  input_image = transform(image).unsqueeze(0)
```

（4）对图像进行目标检测并绘制边界框,输出检测到的目标类别和相应的置信度。

```
1.  #运行模型进行目标检测
2.  with torch.no_grad():
3.      predictions = model(input_image)
4.  #进行非极大值抑制
5.  predictions = non_max_suppression(predictions, conf_threshold=0.5, nms_
threshold=0.4)
6.  #显示检测结果
7.  print("Predictions:")
8.  if predictions[0] is not None:
9.      for prediction in predictions[0]:
10.         class_id = int(prediction[6])
11.         score = float(prediction[4])
12.         box = prediction[0:4]
13.         print(f"Class: {class_id}, Score: {score}")
14.         print("Bounding Box:", box.tolist())
15. #如果你想要在图像上可视化检测结果,你可以使用以下代码:
16. #请确保安装了 matplotlib 库
17. import matplotlib.pyplot as plt
18. #显示原始图片和检测框
19. plot_boxes(image, predictions[0], class_names=None, color='blue')
20. plt.show()
```

例题 5-4

使用语义分割技术,在 Cityscapes 数据集上对城市街景图像中的道路和建筑物进行精确分割。

解答:

（1）配置实验所需环境,并导入相应的包。

```
1.  import torch
2.  import torch.nn as nn
3.  import torch.optim as optim
4.  from torchvision import models, transforms
5.  from torch.utils.data import DataLoader
6.  from torchvision.datasets import Cityscapes
7.  from torch.utils.data import random_split
8.  from torch.utils.data import DataLoader
9.  from torchvision import transforms
10. from torchvision import models
11. from torchvision.utils import make_grid
```

（2）加载数据集并划分验证集与测试集。

```
1.  #加载 Cityscapes 数据集
2.  dataset=Cityscapes(root='path/to/dataset',split='train',mode='fine',
target_type='semantic', transform=transform, target_transform=
transform)
3.  #划分训练集和验证集
4.  train_size = int(0.8 * len(dataset))
5.  val_size = len(dataset) - train_size
6.  train_dataset, val_dataset = random_split(dataset, [train_size, val_
size])
7.  #创建数据加载器
8.  train_loader=DataLoader(train_dataset,batch_size=4,shuffle=True,num_
workers=4)
9.  val_loader=DataLoader(val_dataset,batch_size=4,shuffle=False,num_
workers=4)
```

（3）定义并初始化语义分割模型以及相关的损失函数。为简化实现过程，本例中直接采用由官方提供的 DeepLabV3 模型及其预训练权重。

```
1.  class SegmentationModel(nn.Module):
2.     def __init__(self, num_classes):
3.         super(SegmentationModel, self).__init__()
4.          self.backbone = models.segmentation.deeplabv3_resnet50
(pretrained=True)
5.          self.backbone.classifier[4] = nn.Conv2d(256, num_classes, kernel_
size=(1, 1), stride=(1, 1))
6.     def forward(self, x):
7.         return self.backbone(x)['out']
8.  #初始化模型和损失函数
9.  num_classes = len(dataset.classes)
10. model = SegmentationModel(num_classes)
11. criterion = nn.CrossEntropyLoss()
12.    optimizer = optim.Adam(model.parameters(), lr=0.001)
```

（4）对模型进行训练。

```
1.  #训练模型
2.  num_epochs = 5
3.  device = torch.device("cuda" if torch.cuda.is_available() else "cpu")
4.  model.to(device)
5.  for epoch in range(num_epochs):
6.     model.train()
7.     running_loss = 0.0
8.     for images, labels in train_loader:
9.         images, labels = images.to(device), labels.to(device)
10.        optimizer.zero_grad()
11.        outputs = model(images)['out']
```

```
12.        loss = criterion(outputs, labels)
13.        loss.backward()
14.        optimizer.step()
15.        running_loss += loss.item()
16.    print(f'Epoch {epoch+1}/{num_epochs}, Loss: {running_loss/len(train_
    loader)}')
```

(5) 对模型性能进行评估。

```
1.  #评估模型
2.  model.eval()
3.  val_loss = 0.0
4.  with torch.no_grad():
5.      for images, labels in val_loader:
6.          images, labels = images.to(device), labels.to(device)
7.          outputs = model(images)['out']
8.          loss = criterion(outputs, labels)
9.          val_loss += loss.item()
10. print(f'Validation Loss: {val_loss/len(val_loader)}')
```

例题 5-5

采用在 COCO 数据集上预训练的 MaskRCNN 模型对场景中多个物体进行分割和识别。

解答:

(1) 配置实验所需环境,并导入相应包。

```
1.  import torch
2.  import torchvision.transforms as T
3.  from torchvision import models
4.  from PIL import Image
5.  import numpy as np
6.  import matplotlib.pyplot as plt
7.  import matplotlib.patches as patches
8.  import cv2
9.  import random
```

(2) 加载预训练模型和需要分割的图片。

```
1.  #加载预训练的 Mask R-CNN 模型
2.  model = models.detection.maskrcnn_resnet50_fpn(pretrained=True)
3.  model.eval()
4.
5.  #加载图像
6.  image_path = "./1.png"
7.  image = Image.open(image_path).convert("RGB")
8.  image_tensor = T.ToTensor()(image).unsqueeze(0)
9.
10. #预测
```

```
11. with torch.no_grad():
12.     prediction = model(image_tensor)
```

（3）使用加载好的模型对图像进行分割。

```
1.  #定义随机颜色函数
2.  def random_color(alpha=0.3):
3.      return (random.random(), random.random(), random.random(), alpha)
4.  #可视化结果
5.  def plot_image_with_masks(image_tensor, prediction, ax=None):
6.      if ax is None:
7.          fig, ax = plt.subplots()
8.      masks = prediction[0]['masks'].detach().cpu().numpy()
9.      num_masks = masks.shape[0]
10.     ax.imshow(image_tensor.permute(1, 2, 0))
11.     for i in range(num_masks):
12.         mask = masks[i, 0, :, :]
13.         contours, _ = cv2.findContours((mask > 0.5).astype(np.uint8), cv2.
RETR_EXTERNAL, cv2.CHAIN_APPROX_SIMPLE)
14.         #获取类别和颜色
15.         class_id = int(prediction[0]['labels'][i])
16.         class_name = f'Class {class_id}'
17.         color = random_color()
18.         for contour in contours:
19.             polygon = patches.Polygon(contour.reshape(-1, 2), closed=
True, edgecolor=color, facecolor=color, linewidth=1, alpha=0.3)
20.             ax.add_patch(polygon)
21.     ax.axis('off')
22.     return ax
```

（4）可视化分割结果，如图 5-28 和图 5-29 所示。

```
1.  #可视化原始图像和分割结果
2.  plot_image_with_masks(image_tensor[0], prediction)
3.  plt.show()
```

图 5-28　输入图像

图 5-29　分割结果

◇ 5.7　课后习题

1. 选择一种深度学习框架,根据本书前 5 章的内容,编写代码以实现相应的神经网络模型。

2. 选取图像识别、目标检测或图像分割中的一个任务。在互联网上搜索并找到一个相关的开源算法,该算法应包含已训练好的模型。下载并部署这一算法到本地环境,制作一个演示 Demo。

3. 进行一项调研,探索深度学习技术在其他领域的应用情况,至少涉及 5 个不同的应用领域。根据调研结果,撰写一份不少于 3000 字的实验报告。

第6章

总结和展望

　　本书深入剖析了深度学习领域的关键技术与方法,全书不仅系统介绍了神经网络的发展历程,从其起源到现在广为人知的 Transformer 模型,还详尽展示了各种经典神经网络模型的发展,这些模型代表了该领域的重要里程碑。此外,本书详细讨论了深度学习在图像复原任务中的具体应用,从而帮助读者更好地理解这些技术的实际应用价值。

　　全书的内容建立在对人工神经网络深厚的历史与技术理解之上,融合了对最新技术趋势的精准把握。书中不仅提供了丰富的历史背景,还结合当前科技的热点,为初学者提供了宝贵的理论支持,帮助他们快速掌握基本概念,并对该领域的最新发展趋势有全面的了解。书中还介绍了当下主流的深度学习技术框架,如 Caffe、Keras、TensorFlow 和 PyTorch 等,这些框架在学术与工业界均有广泛应用。详细的框架介绍不仅有助于读者在理论学习之外,进一步提高实际操作和编程技能,还可以使他们在面对实际问题时,更加自信地应用所学知识。最后,通过选取图像复原这一在学术界广泛研究的领域作为案例,旨在向读者展示深度学习技术在实际生活中的应用,并突出其现实影响力。这不仅有助于初学者从理论到实践的过渡,也旨在激发他们对深度学习研究的持续兴趣。

　　本书探讨了深度学习领域中尚待解决的关键问题,以及当前研究的前沿动向。尤其值得关注的是,研究者们正在从传统机器学习方法中借鉴深度学习的技术,特别是在数据降维方面的应用。例如,稀疏编码技术通过应用压缩感知理论,可以有效地对高维数据进行降维处理,实现用较少的数据元素精确表达原始的高维信号。

　　尽管取得了众多进展,深度学习仍然面临许多挑战,主要如下。

　　(1)维度与性能。对于特定的深度学习框架,确定其在处理高维输入数据(如图像数据可能涉及的数百万维度)时的最佳性能表现。

　　(2)时间依赖性。评估不同架构在捕捉短期和长期时间依赖性方面的效率。

　　(3)信息融合。探索如何在一个给定的深度学习架构中有效地融合多种感知信息。

　　(4)鲁棒性。研究能够增强模型鲁棒性的机制,提高模型对数据扭曲和丢失的不变性。

（5）模型创新。探索是否存在其他更有效且有理论支持的深度学习算法。

本书深入探讨了特征提取模型的开发,这是深度学习研究中的一个重要且有前景的领域。除此之外,开发有效的并行训练算法也成为了研究的热点。现行的随机梯度优化算法,尽管采用了小批量处理技术,但在多计算机环境下实现有效的并行训练仍存在挑战。通常,研究人员依赖于 GPU 来加速学习过程,尤其是在单机环境中。然而,当处理大规模数据集,如数据识别或类似任务时,单个 GPU 的性能可能不足以满足需求。因此,探索如何有效利用深度学习技术来增强和优化传统算法的性能,是当前深度学习应用扩展中的一个关键研究领域。这不仅包括技术层面的创新,还涉及算法的扩展和优化,以确保在多样化和大规模的应用场景中都能发挥出最佳性能。这些探索和研究不仅推动了深度学习技术的发展,也为实际应用中的问题提供了新的解决方案。

参 考 文 献

扫描如下二维码查看本书的参考文献：

参考文献